化公众微信
每日都有最新生活资讯

重庆出版集团 重庆出版社

图书在版编目（CIP）数据

绝色百味家常菜 / 郑伟乾编著；郭刚摄影 . — 重庆：重庆出版社，2014.8（2015.4 重印）

ISBN 978-7-229-07694-8

Ⅰ . ①绝… Ⅱ . ①郑… ②郭… Ⅲ . ①家常菜肴—菜谱 Ⅳ . ① TS972.12

中国版本图书馆 CIP 数据核字（2014）第 040755 号

绝色百味家常菜

JUESE BAIWEI JIACHANGCAI

郑伟乾 编著

郭 刚 摄影

出 版 人：罗小卫

策　　划：无极文化

责任编辑：王 梅 刘 喆

策划编辑：刘秀华

特约编辑：陈晓乐 吴晓良

责任校对：李小君

美术编辑：无极文化 · 刘 玲

封面设计：重庆出版集团艺术设计有限公司 · 蒋忠智

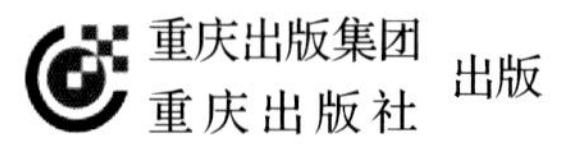

出版

重庆市南岸区南滨路 162 号 1 幢　邮政编码：400061　http://www.cqph.com

深圳市好印象真彩印刷有限公司印刷

重庆出版集团图书发行有限公司发行

E-mail:fxchu@cqph.com　邮购电话：023-61520646

全国新华书店经销

开本：720mm × 1 000mm　1/16　印张：11

2014年8月第1版　2015 年 4 月第 2 次印刷

ISBN 978-7-229-07694-8

定价：28.80 元

如有印装质量问题，请向本集团图书发行有限公司调换：023-61520678

前言

俗话说：

最甜还是家常菜，

最美还是粗布衣。

所谓家常菜，

就是普通百姓家日常生活中常见、常做和常吃的一种菜肴，

它所折射出的是家庭生活的简单与幸福。

人们总以“妈妈的味道”或“外婆的味道”来形容它带来的

轻松、舒适的味觉感受。

吃，是一门大学问，与人类健康息息相关。随着人们生活水平的不断提高，大家也越来越在意自己的饮食了。当然，因为口味有所差别，各家的家常菜自然也各有不同。但不管平常日子里是吃哪一种家常菜，希望吃下的菜既能填饱肚子又能保证身体健康，是每个人共同的愿望。

本书精选各地广泛流传的家常菜，在按照主要原材料划分为猪肉类、牛羊兔驴肉类、禽蛋类、水产类、蔬菜类、菌菇类、豆制品类等几大部分的同时，还按照菜品的味型、风格特色进行分类，让读者重新找回“家的感觉”。此外，作为一本针对居家使用的菜谱书，我们所选的食材均本着购买方便、过程操作简易的原则来挑选，都是买得到的材料，都是学得会的方法。这样的组合搭配，才能真正让做菜变得简单，变成幸福的体验。

书中详细介绍了各款佳肴的原材料、调味料和制作步骤，还有与每道菜相搭的实用烹饪技巧、现代家庭厨房用具介绍和贴心健康常识。同时，每款佳肴都配有精美的图片——图文并茂、简单易学，将是您幸福生活不可或缺的好帮手。

烹饪是一个创作的过程，在厨房里花费或长或短的时间，就可以将购买的一大堆食材变成属于自己的独特美味，成就感也会油然而生！

您是否总是怀念小时候饭桌上的味道，但却复制不成功呢？您是否为每天做什么菜而烦恼呢？您是否为不知如何搭配才营养而困惑呢？……请打开此书吧，它将带着您来一场味蕾上的旅行，引导您为您和您的家人、朋友精心烹制出美味、健康的爱心大餐，让浓浓的感情在餐桌上蔓延，让满满的爱在舌尖跳跃，尽情享受令人沉醉的幸福吧！

目录

第四章 鸡鸭鹅

第五章 水产

第六章 蔬菜

第七章 菌菇

第八章 豆制品

第一章 妙手烹佳肴

味道也是有记忆的，酸、甜、苦、辣、咸……年幼时吃到的第一口土豆泥，软腻香滑；某个加班的深夜，妈妈为自己悉心炖制了白果鸡，味美营养；逢年过节，最喜欢外婆亲手做的水煮肉片，麻辣香嫩。妈妈的体恤，外婆的慈爱，早已于无声无息中融入到五味俱全的家常菜肴之中……

家常菜的色彩之道

简单的一桌家常菜，虽然比不上高级餐厅、饭馆的菜肴那样精致，可看起来就是很有食欲。白花花的萝卜、黑黝黝的木耳、绿油油的青菜、黄澄澄的玉米、红彤彤的番茄，不同颜色的食材搭配在一起，不仅好看，而且营养加倍，吃起来，更有妈妈的味道。

白色食物

主要是指蔬果中的瓜类、果实、笋类及米、奶等。

白色食物含有丰富的淀粉、糖类、蛋白质等，它们能够为身体提供很多必需的营养物质，有助于提高机体的免疫力。此外，白色食物还是一种安全性相对较高的营养食物。因其脂肪含量比红肉低得多，高血压、心脏病等患者食用白色食物会更好。

白色食物包括:

蔬菜：冬瓜、山药、金针菇、白萝卜、竹笋、茭白等。

水果：梨子、椰子、火龙果等。

肉类：鸡肉、鱼肉等。

其他：大米、牛奶、白糖、面粉等。

黑色食物

是指颜色呈黑色或紫色、深褐色的各种天然动植物。一般具有保健功效，以黑色的菌菇、海菜为主。

黑色食物不但营养丰富，而且多有补肾、防衰老、保健益寿、防病治病、乌发美容等独特功效。黑色食物可调节人体生理功能，刺激内分泌系统，促进唾液分泌，有促进胃肠消化与增强造血的功能。黑色食物还含有大量的维生素，对降低血黏度、血胆固醇有良好效果。

黑色食物包括:

蔬菜：茄子、发菜等。

肉类：乌鸡、甲鱼、墨鱼等。

其他：黑米、黑芝麻、海苔、豆豉、香菇、黑木耳等。

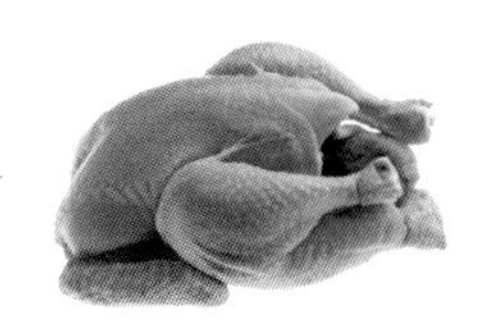

鸡鸭肉

如鸡肉，除非是全鸡食用者，宜现买现宰并马上烹调较佳，其他可买腿肉（有些去骨，有些不用去骨），以柠檬皮加盐逆向搓洗表皮，用清水冲洗滤干后再用葱姜蒜酒汁腌渍（不用放盐巴）后，就可直接放入保鲜盒存放冰箱。

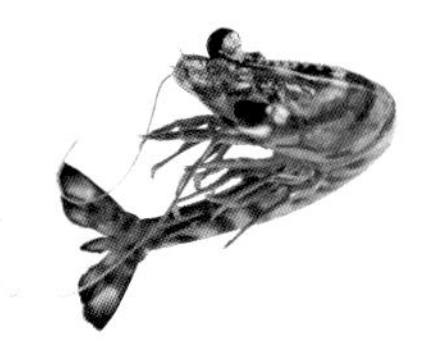

鲜 虾

用盐加冰块、过滤水，以筷子（避免刺到手指）同一方向搅动，有助于去沙及吐脏水；并以剪刀除去脚须，再用牙签挑泥肠后滤干，放在保鲜盒冷藏更容易保存虾的鲜味与脆感。若当日马上要烹调，处理干净后就不需放冰箱，直接用葱姜蒜酒汁腌渍后放在有盖的不锈钢锅或容器内保鲜，也不会出现黑水。

土 豆

储存土豆最关键的是要控制温度。土豆必须放在背阴的地方，切忌放在塑料袋里保存，因为捂出的热气容易让土豆发芽、变质。不用塑料袋保存的土豆，即使发芽也长得特别慢。土豆也可以放在冰箱里，但这种方法得不偿失，不但占空间，而且买土豆的钱往往还抵不上所耗的电费。

鲜 鱼

用刀子刮净鱼背、鱼鳍、鱼尾，并用水冲洗干净（千万不要泡水，甜分会流失），滤干后就可放冰箱。若要马上食用，与虾子的处理方式相同（海鲜类的储存最好用保鲜盒，就不会有腥味或污染冰箱）。

葱、姜、蒜

大蒜变空、大葱变干、姜长绿毛，一直是厨房中的难题。最佳对策是：保存前，将锡纸剪成大小合适的尺寸，紧紧包裹住未清洗的葱、姜、蒜，这样至少能将其保质期延长至一个月以上。

葱可先切段、切葱花后，用保鲜盒装好后直接放入冰箱；蒜中所含大蒜素有杀菌功能，不易腐坏，所以建议整头存放。

家常菜的食材搭配

在外面的时间长了，经常会想念妈妈做的菜。特别是每天在外面吃快餐时，边吃边发愁，这些菜真不如妈妈做的菜好吃。为什么？因为妈妈做的菜总是搭配得恰到好处，有荤有素，鲜香可口。那么，想要搭配出既有利于营养，又可诱人食欲的菜肴，需掌握哪些要素呢？

量的搭配

盘菜的量要按一定的比例配制。主、辅料搭配，要突出主料；主料由几种原料构成的，各种原料量要基本相等；单一原料的，要按单位定额配菜，一般小盘纯料为150～200克，大盘纯料为300～400克。

质的搭配

主、辅料在质地上的配合应脆配脆、嫩配嫩。

营养成分的搭配

各种菜肴都有不同的营养成分，配菜时要注意原料的相互补充，特别是动物性原料，应适当配些果蔬原料，以补其维生素的不足。

色泽搭配

主料、辅料在颜色上的配合，一般是辅料衬托主料。

味道搭配

包括原料加热前后，调味前后的变化，应突出主料的香味，并以辅料的香味补主料的不足。如主料的香味过浓或过于油腻，应配以香味清淡的辅料，进行适当调和冲淡，使主料味道适中。

形状搭配

辅料必须服从主料，即片配片，丝配丝，丁配丁。不论何种形状，辅料大小都必须略小于主料。

下厨必学的刀法

小时候放学一回到家，就能听到从厨房传来的“咚咚咚”的切菜声。各种食材在妈妈的菜刀下变成各种形状，锅铲一炒，简简单单的一桌家常菜既好看又好吃。居家料理达人们一定要练就一手好刀法，才能做到“上得厅堂，下得厨房”。

切法是做菜时切制食材最常用的刀法，切是刀身与原料呈垂直，有节奏地进刀，使原料均等断开的方法。

在制作菜肴的切制中，根据原料的性质和烹调要求，可分为直切、推切、拉切、锯切、铡切、滚切。

1. 直 切

一般为左手按稳原料，右手操刀。切时，刀垂向下，既不向外推，也不向里拉，一刀一刀笔直地切下去。

直切时要求：第一，左右手要有节奏地配合；第二，左手中指关节抵住刀身向后移动，移动时要保持同等距离，不要忽快忽慢、偏宽偏窄，要使切出的原料形状均匀、整齐；第三，右手操刀运用腕力，落刀要垂直，不偏里偏外；第四，右手操刀时，左手要按稳原料。

采用直刀切法的一般为脆性原料，如：青笋、鲜藕、萝卜、黄瓜、白菜、土豆等。

2. 推 切

推切的刀法是刀与原料垂直，切时刀由后向前推，着力点在刀的后部，一切推到底，不再向后回拉。推切主要用于质地较松散、用直刀切容易破裂或散开的原料，如：叉烧肉、熟鸡蛋等。

3. 拉 切

这种刀法也是在施刀时，刀与原料垂直，切时刀由前向后拉。实际上是虚推实拉，主要以拉为主，着力点在刀的前部。拉切适用于韧性较强的原料，如：千张、海带、鲜肉等。

4. 锯 切

也称推拉切，是推切和拉切刀法的结合，锯切是比较难掌握的一种刀法。锯切刀法是刀与原料垂直，切时先将刀向前推，然后再向后拉，这样一推一拉像拉锯一样向下把原料切断。

锯切时要求：第一，刀运行的速度要慢，着力小而匀；第二，前后推拉刀面要笔直，不能偏里或偏外；第三，切时左手将原料按稳，不能移动，否则会大小厚薄不匀；第四，要用腕力和左手中指合作，以控制原料形状和厚薄。

锯切刀法一般用于较厚无骨而有韧性的原料或质地松软的原料，将其切成较薄的片形，如涮羊肉的肉片等。

5. 铡 切

铡切的方法有两种：一种是右手握刀柄，左手握住刀背的前端，两手平衡用力压切；另一种是右手握住刀柄，左手按住刀背前端，左右两手交替用力摇动。

铡切时要求：第一，刀要对准所切的部位，并使原料不能移动，下刀要准；第二，不管压切还是摇切都要迅速敏捷，用力均匀。

铡切刀法一般用于处理带有软骨、细小骨或体小、形圆易滑的生料和熟料，如：鸡、鸭、鱼、蟹、花生米等。

6. 滚 切

这种刀法是左手按稳原料，右手持刀不断下切，每切一刀即将原料滚动一次。根据原料滚动的姿势和速度来决定切成片或块。一般情况是滚得快、切得慢，切出来的是块；滚得慢、切得快，切出来的是片。这种滚切法可切出多样的块、片，如：滚刀块、菱角块、梳子块等。

滚切时要求：左手滚动原料的斜度要掌握适中，右手要紧跟着原料滚动掌握一定的斜度切下去，保持大小厚薄等均匀。

滚刀切法多用于圆形或椭圆形脆性蔬菜类原料，如：萝卜、青笋、黄瓜、茭白等。

片法是处理无骨韧性原料、软性原料，或者是煮熟回软的动物和植物性原料的刀法，就是用片刀把原料片成薄片。施刀时，一般都是将刀身放平，正着（或斜着）进行工作。由于原料性质不同，方法也不一样。大体有推刀片、拉刀片、斜刀片、反刀片、锯刀片和抖刀片。

1. 推刀片

推刀片是左手按稳原料，右手持刀，刀身放平，使刀身和菜板面呈近似平行状态，刀从原料的右侧片入，向左稳推，刀的前端贴菜板面，刀的后部略微抬高，以刀的高低来控制所要求的厚薄。左手按稳原料，但不要按得过重，在片原料时，以不移动为准。随着刀的片入，左手指可稍翘起，用掌心按住原料。推刀片多用于煮熟回软或脆性原料，如熟笋、玉兰片、豆腐干、肉冻等。

2. 拉刀片

拉刀片也要放平刀身，先将刀的后部片进原料，然后往回拉刀，一刀片下。拉刀片的要求基本与推刀片相同，只是刀口片进原料后运动方向相反。拉刀片多用于韧性原料，如鸡片、鱼片、虾片、肉片等。

3. 斜刀片

也称坡刀片、抹刀片，通常用于质地松脆原料。其刀法是左手按稳原料的左端，右手持刀，刀背翘起，刀刃向左，角度略斜，片进原料，以原料表面近左手的部位向左下方移动。由于刀身斜角度片进原料，片成的块和片的面积，较其原料的横断面要大些，而且呈斜状。

斜刀片时要求：片的厚薄、大小以及斜度的掌握，主要依照眼力注视两手动作和落刀的部位，同时，右手要牢牢地控制刀的运动方向。

如海参片、鸡片、鱼片、熟肚片、腰片等，均可采用这种刀法。

4. 反刀片

适用这种方法的原料与适用斜刀片的原料大致相同，不同的是反刀片的刀背向里（向着身体），刀刃向外，利用刀刃的前半部工作，使刀身与菜板呈斜状。刀片进原料后，由里向外运动。反刀片一般适用于脆性易滑的原料。要求左手按稳原料，并以左手中指上部关节抵住刀身，右手的刀紧贴着左手中指关节片进原料。左手向后的每一移动，都要掌握同等距离，使其形状、厚薄一致。

5. 锯刀片

锯刀片是推拉的综合刀技。施刀时，先推片，后拉片，使刀一往一返都在工作。如鸡丝、肉丝，就是先用锯片刀技，片成大薄片，然后再切丝。

6. 抖刀片

这种刀法是将刀身放平，左手按稳原料，右手持刀，片进原料后，从右向左运动。运动时刀刃要上下抖动，而且要抖得均匀。抖刀片一般用于美化原料形状，适合于软性原料。这种刀技能把原料片成水波式的片状，然后再直切，就形成了美观的锯齿，如松花蛋片、豆腐干丝等。

剁又称斩，一般用于带骨原料。此方法是将原料斩成茸、泥或剁成末状的一种方法。剁时运用手腕的力量，从左到右，然后再从右到左，反复排剁（斩）。操作时两手交替使用，要有节奏地做到此起彼落。同时，要将原料不断地翻动。

根据原料数量来决定用双刀剁还是用单刀剁。数量多的用双刀，又叫做排剁（斩）；数量少的用单刀。排剁（斩）时，不要提刀过高，在剁前将刀放在清水中蘸一下，以防止茸末粘刀或飞溅。在斩茸时，为了达到细腻的效果，可配合用刀背砸。单刀剁是剁带骨的鸡、鸭、鱼、兔、排骨、猪蹄等原料，方法虽然简单，但落刀要准，力求均匀。

排剁原料时要求：两手持刀要保持一定的距离，不能太近或太远，两刀前端的距离可以稍近些，刀根的距离可稍远些。

劈可分直刀劈和跟刀劈两种。

1. 直刀劈

用右手将刀柄握牢，将刀高高举起，对准原料要劈的部位，运用手臂的力量用力向下直劈。劈时臂、肘、腕用力要协调一致而有力，要求一刀劈断。如再劈第二刀往往不能劈在原来的刀口上，这样就会出现错刀，使原料不整齐，也易产生一些碎肉、碎骨。

劈原料时要求：菜板一定要放牢放实。劈原料时，应将肉类的皮朝下，在肉面下刀；劈火腿、鱼头等原料时，左手要把所劈原料按稳，刀劈下时左手迅速离开，以防伤手。

直刀劈法常用于带骨或质地坚硬的原料，如：火腿、鱼头、排骨等。

2. 跟刀劈

这种方法是将刀刃先嵌在原料要劈的部位内，如劈猪蹄时，将猪蹄竖起，蹄趾朝上，将刀刃嵌入趾中，右手牢握刀柄，左手持猪蹄与刀同时高高举起，用力劈下，刀在劈下时左手离开。跟刀劈时左右手要密切配合，左手握住原料，右手执刀，两手同时起落，而且刀刃要紧紧嵌在原料内部，这样在用力劈原料时刀与原料才不易脱落。

拍

这种方法是将刀放平，用力拍击原料，使原料变碎和变得平滑等。如用拍可使蒜瓣、鲜姜至碎，也可用拍法使肉类不滑，肉质疏松。

剞

剞刀，有雕之意，所以又称剞花刀。剞刀是采用几种切和片的技法，将原料表面划上深而不透的横竖各种刀纹。经过烹调后，可使原料卷曲成各种形状，如：麦穗、菊花、荔枝、核桃、鱼鳃、蓑衣、木梳背等形状。使原料易熟，并保持菜肴的鲜、嫩、脆，使调味品汁液易于挂在原料周围。这种方法对刀口深度有一定的要求，一般为原料的三分之二或五分之四。操作方法分推刀剞、拉刀剞、直刀剞。

1. 推刀剞

推刀剞的技法与反刀片相似，以左手指按住原料，右手持刀，刀口向外，刀背向里，刀身紧贴左手中指上关节，剞入原料。深度要相等，距离要均匀。

2. 拉刀剞

拉刀剞与斜刀片相似，以左手按住原料，右手持刀，刀身向外，刀刃向里，将刀剞入原料，由左上方向右下方拉入。

3. 直刀剞

直刀剞与推刀切法相似，只是不能将原料切断而已。

家常菜的烹饪技法

记忆里怎么也抹不去的，是妈妈做的那道红烧鱼、土豆丝。虽然食材简单而朴素，可是经过妈妈的巧手，就是一道美味可口的大餐，浓浓的家常味温馨得让人无法忘怀。今天蒸、煮、烤、炒、涮，明天熘、烧、拌、炸、炖，变着法儿做，味道也各不相同。

蒸

蒸是家常菜烹饪方法中最常用的一种，是把经过调味后的食品原料放在器皿中，再置入蒸笼利用蒸汽使其成熟的过程。根据食品原料的不同，可分为猛火蒸、中火蒸和慢火蒸三种。例如“蒸鲜鱼”、“蒸水蛋”等。蒸，一种看似简单的烹法，却令都市人在吃过了花样百出的菜肴后，对原汁原味的蒸菜念念不忘。如果没有蒸，我们就永远尝不到由蒸变化而来的鲜、香、嫩、滑之滋味。

煮

煮是将食物及其他原料一起放在多量的汤汁或清水中，先用大火煮沸，再用小火煮熟。适用于体小、质软类的原料。所制食品口味清鲜、美味，煮的时间比炖的时间短。

烤

烤是将加工处理好或腌渍入味的原料置于烤具内部，用明火、暗火等产生的热辐射进行加热的技法总称。

烤是最古老的烹饪方法，自从人类发明了火，知道吃热的食物之后，最先使用的方法就是野火烤食。演变至今，烤已经发生了重大变化，除了烹饪方式外，更重视使用调料和调味方法，改善了口味。

炒

炒是最广泛使用的一种烹饪方法，它是以油为主要导热体，将小型原料用中旺火在较短时间内加热至熟、调味成菜的一种烹饪方法。由于炒一般都是旺火速成，在很大程度上保持了原料的营养成分。这种烹饪法可使肉汁多味美，可使蔬菜嫩又脆。

涮

涮是将易熟的原料切成薄片，放入沸水火锅中，经极短时间加热后捞出，再蘸调味料食用的技法，在卤汤锅中涮的食物可直接食用。

熘

熘是先将原料用炸的方法（或用煮、蒸、滑油的方法）加热至熟，然后调制芡汁浇淋于原料上，或将原料投入芡汁中搅拌的一种烹饪方法。熘的菜肴一般芡汁较宽。根据用料和第一个操作步骤的不同，熘还可分脆熘、滑熘和软熘。

炸

炸是用旺火加热，以油为传热介质的烹饪方法，特点是旺火、用油量多。用这种方法加热的原料大部分要间隔炸两次。用于炸的原料在加热前一般须用调味品浸渍，加热后往往随带辅助调味品（如椒盐、番茄沙司、辣椒油等）上席，炸制菜肴的特点是香、酥、脆、嫩。由于所用原料的质地及制品的要求不同，炸可分为清炸、干炸、软炸、酥炸、卷包炸和特殊炸等。

烧

烧是指将前期熟处理的原料经炸煎或水煮加入适量的汤汁和调料，先用大火烧开，调基本色和基本味，再改小中火慢慢加热至将要成熟时定色和定味后，以旺火收汁或是勾芡汁的烹饪方法。烧可分为红烧、干烧、蒜烧、辣烧、酱烧等。

拌

拌的菜肴一般具有鲜嫩、凉爽、入味、清淡的特点。其用料广泛，荤、素均可，生、熟皆宜。如生料多用各种蔬菜、瓜果等；熟料多用烧鸡、肘花、烧鸭、五香肉等。拌菜常用的调味料有盐、味精、白糖、芝麻酱、辣酱、老抽、芥末、醋、五香粉等。

炖

炖是指将食物原料加入汤水及调味品，先用旺火烧沸，然后转成中小火，长时间烧煮的烹饪方法，可分为隔水炖和不隔水炖。

焖

焖是先将切好的原料用油煎或水煮，再加调味和适量的清汤或清水，加盖以保持鲜香味，用中火焖熟。焖分红汤、白汤，但白汤居多，不挂糊、上浆，勾芡量少，汤汁稀淡，例如：黄焖鸡块、黄焖鱼、醋焖鸡三件、油焖四季豆等。

煨

浓汁白汤称为清煨，浓汁红汤称为红煨。选料多用肌肉组织较老宜于长时间加热的禽类、干制海味类或肉类。煨菜的特点是质地软烂，汤汁少而稠浓成胶状，油封汤面，肥而不腻，例如：红煨鱼翅、红煨白鳝、冬笋煨鸡等。

烩

烩是将多种原料分别切成丁、丝、片等小形状混合在一起烹制。多数是将原料先制成熟料，下锅时加入鲜汤及调味品。烩菜的特点是汤宽汁厚、鲜嫩味浓。有酱油的称红烩，不加酱油的称白烩，例如：大烩海参、干贝烩干丝等。

爆

爆是用旺火沸油，锅内油量比炸、熘要少些，操作时动作要迅速，原料一般不挂糊上浆。爆菜的特点是脆嫩异常。有的菜在油爆前将原料装在漏勺里，放入汤锅里烫一下，使其排出一些水分，然后投入沸油锅里爆，用手勺迅速推两下，立即起锅，沥干油，锅内稍留余油，倒入爆过的原料，烹入调好的汁，将锅颠簸几下即可装盘。也有先将汁入锅烧开，后放爆过的原料。总之，调味汁必须裹紧原料，例如：爆双脆、酱爆肉片、麻辣肚丝、油爆虾等。

汆

汆，是采用旺火速成的汤菜。选择较嫩的原料，切成小形片、丝、茸或剞花刀，在含有鲜汤的沸水中汆熟，有的先将原料在沸水中烫熟，装入汤碗内，再立即浇上滚开的鲜汤。汆的特点是汤多菜少、质地脆嫩，一般只有清、白汤之分，调味品以盐、味精、胡椒粉为主，也有用酸辣调味的，多数不勾芡不放酱油。例如：清汤鱼丸、口蘑汤泡肚、汤泡子鸡、奶汤鲍鱼等。

煎

煎是用温火将炒锅或平底锅烧热，原料加工成较扁的形状平铺锅底，两面煎黄，然后用调味品蘸食或下锅兑入调味汁，一般在煎之前要经过调味浸渍和挂糊，煎后除浇上调味汁，还要淋上麻油。煎的特点是外面焦香，里面鲜嫩。

烹

烹是原料先经油炸，再趁热下锅迅速烹入预先调好的汁，使原料裹上汤汁。烹多采用片、块、条以及带有小骨的小型原料，一般不要挂糊上浆，汁里也不着芡（烧熟品时裹上干淀粉），特点是外香里嫩，略带汤汁。烹制法又可分为干烹、清烹、炸烹。

贴

贴与煎的烹调方法基本相同，所不同的是贴只煎一面，主料成熟时加调料、汤汁，再慢火收汁。

拔丝

拔丝是甜菜的制法之一，选料多用水果、干果、根茎类蔬菜，改切成丁、块、片，再挂糊裹粉，放入热油锅里炸熟，使其外脆内嫩，然后用白糖加水和油炒成糖汁，糖色发黄能拉丝时，迅速投入炸好的原料，将锅颠簸几下，使原料挂上糖浆，例如：拔丝香蕉、拔丝土豆、拔丝苹果等。

蜜汁

蜜汁是甜菜和咸菜甜制的制作方法。用小火将白糖与水熬成浓汁包裹住切好的原料。原料一般选用水果、根茎类蔬菜、腌渍品，加工成薄片或小块，有的蒸熟后浇上糖汁，有的挂糊油炸后，入锅滚上糖汁。其特点是糖汁糊浓、油亮软烂，例如：蜜汁火腿、蜜汁山药。

挂霜

挂霜是甜菜的烹调方法之一，主料经加工改刀，有的挂糊，放热油锅里炸熟捞出装盘，撒上白糖或滚糖，使主料表面均粘上似霜的白糖，故称挂霜。

挂霜有两种方法：一是将炸好的主料放入盘中，上面撒上白糖，称为撒霜；二是将炸好的主料先用熬好的糖浆挂匀，趁热倒入白糖盆里，冷却后，拌匀取出，外面凝结一层糖霜，这种做法是把主料挂一层糖浆，故又称冰霜。

选对烹饪用油更健康

现在超市里的食用油品种这么多，有贵的，也有便宜的，每次选购的时候总不免要经过一番思想挣扎。是选猪油好呢？还是植物油好呢？是选一直使用的品种呢？还是换个新品种试试呢？其实，不同种类的食用油各具特点，从营养平衡角度出发，选用时不妨经常轮换着吃，才是一种好的饮食习惯。

豆 油

豆油中含丰富的多不饱和脂肪酸和维生素D、维生素E，有降低心血管疾病、提高免疫力的作用。但是，豆油含的多不饱和脂肪酸较多，所以在各种油脂中最容易酸败变质，因此购买时一定要选出厂不久的，并尽可能趁“新鲜”吃掉。

玉米油

玉米油极易消化，人体吸收率高达97%，其中不饱和脂肪酸含量达80%以上，且其所含的亚油酸是人体自身不能合成的必需脂肪酸，还含有丰富的维生素E。从口味和烹调角度来说，玉米油色泽金黄透明，清香扑鼻，除可用于煎、煮、炸外，还可直接用于凉拌。

橄榄油

橄榄油中所含的单不饱和脂肪酸是所有食用油中最高的，它能降低低密度胆固醇，提高高密度胆固醇，所以有预防心脑血管疾病，减少胆囊炎、胆结石发生的作用。橄榄油还含维生素A、维生素D、维生素E、维生素K和胡萝卜素，对改善消化功能、增强钙在骨骼中沉着、延缓脑萎缩有一定的作用。

葵花子油

葵花子油含丰富的必需脂肪酸，其中亚油酸、α-亚麻酸在体内可合成与脑营养有关的DHA，所含的维生素A、维生素E等，有软化血管、降低胆固醇、预防心脑血管疾病、延缓衰老、防止干眼症和夜盲症的作用。不过，葵花子油也含有较高的多不饱和脂肪酸，所以，购买时一定要选出厂不久的。

花生油

花生油中含丰富的油酸、卵磷脂、维生素及生物活性很强的天然多酚类物质，可降低血小板凝聚，降低总胆固醇和低密度胆固醇水平，预防动脉硬化及心脑血管疾病。

猪 油

猪油中含较高的饱和脂肪酸，吃得太多容易引起高血脂、脂肪肝、动脉硬化、肥胖等。但猪油不可不吃，因为其所含胆固醇是人体制造类固醇激素、肾上腺皮质激素、性激素和自行合成维生素D的原料。猪油中的α-脂蛋白能延长寿命，这是植物油中所缺乏的。

家常做菜调味有方

调味是制作菜肴的关键之一，油盐酱醋是烹饪的必备之物。围上围裙，经常下厨，不断地操练和摸索，慢慢地掌握其规律与方法，并与火候巧妙地结合，烹制出色、香、味、形俱佳的佳肴。

因料调味

新鲜的鸡、鱼、虾和蔬菜等，其本身具有特殊鲜味，调味不应过量，以免掩盖天然的鲜美滋味。腥膻气味较重的原料，如不新鲜的鱼、虾、牛羊肉及内脏类，调味时应酌量多加些去腥解膻的调味品，如料酒、醋、糖、葱、姜、蒜等，以便减恶味增鲜味。

本身无特定味道的原料，如海参、鱼翅等，除必须加入鲜汤外，还应当按照菜肴的具体要求施以相应的调味品。

因菜调味

每种菜都有自己特定的口味，这种口味是通过不同的烹调方法最后确定的。因此，投放调味品的种类和数量皆不可乱来。特别是对于多味菜，必须分清味的主次，才能恰到好处地使用主、辅调料。有的菜以酸甜为主，有的菜以鲜香为主，还有的菜上口甜收口咸，或上口咸收口甜等，这种一菜数味、变化多端的奥妙，皆在于调味技巧。

因时调味

人们的口味往往随季节变化而有所差异，这也与机体代谢状况有关。例如在冬季，由于气候寒冷，因而喜用浓厚肥美的菜肴；炎热的夏季则嗜好清淡爽口的食物。

因人调味

烹调时，在保持地方菜肴风味特点的前提下，还要注意用餐者的不同口味，做到因人调味。所谓“食无定味，适口者珍”，就是对因人调味的恰当概括。

选择优质调料

原料好而调料不佳或调料投放不当，都将影响菜肴风味。优质调料还有一个含义，就是烹制某地的菜肴，应当用该地的著名调料，这样才能使菜肴风味更佳。

怎样掌握好火候

为什么外婆做的菜就是香，自己买来同样的材料，却做不出那个味儿来。答案就是：火候没有控制好。例如在炒豆角的时候，如果火候过头，豆角容易炒老；火候不足则味同嚼蜡。其实，由于不同食材的性质各不相同，加热和传热的介质也有所不同。因此，要正确地掌握火候并不是一件容易的事。下面我们给大家说说掌握好火候需要注意的问题。

看食材的性能

各种原料都有老嫩的区别，同一份菜肴里，主料与配料的性能也不同，有的易熟，有的不易熟，所以，有时要将主、配料分开烹制，然后合在一起；有时采取老的原料先下锅，嫩的后下锅，如菠菜做配菜，就不能将菠菜与主料同时下锅，只能先将主料煮熟，菠菜放入另一只锅里烫一下，再与主料混合在一起，才能保持菠菜青绿的色泽。

看食材的厚薄

首先要求刀工切配时尽量使原料厚薄均匀，否则就会出现生熟不一。薄而小的原料则用旺火热油下锅，短时间起锅，稍厚的原料宜刻些花刀，使热容易传入内部。

看烹制方法

因为不同的烹制方法，需使用不同的火力。凡爆、熘、炸的菜品要求鲜、嫩、脆，火力宜大，动作要快，才能保证菜肴的质量。

厨房里的小窍门

在厨房里我们常常会遇到一些小问题，例如：冻肉怎么解冻？做菜时可不可以中途加水？盐和油什么时候下最好？怎样避免食材中的营养流失？我们在这里分享一些厨房里的窍门和技巧，让烹饪变得更有趣更轻松！

洗菜切菜要现切现炒

炒菜时，必须是先洗后切，随切随炒。如果在没有准备炒菜前就先把菜放在水中浸泡，时间过长，就会使蔬菜中的可溶性维生素和无机盐溶解于水中而损失掉。另外，切好菜就要及时下锅，否则维生素受到空气氧化也会不翼而飞。

冻肉不宜在高温下解冻

如果将冻肉放在沸水中、火炉旁解冻，由于肉组织中的水分不能迅速被细胞吸收而流出，就不能恢复肉原本的质量。而且，遇到高温时，冻肉表面会形成一层硬膜，影响了肉内部温度的扩散，肉容易变坏。因此，冻肉最好在常温下自然解冻。

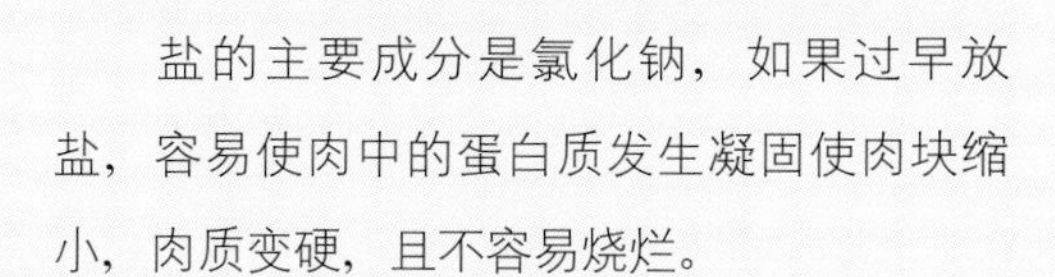

炒肉不宜过早放盐

盐的主要成分是氯化钠，如果过早放盐，容易使肉中的蛋白质发生凝固使肉块缩小，肉质变硬，且不容易烧烂。

加入味精不宜过早

味精易溶于水，可以使菜蔬味道鲜美。味精的主要成分是谷氨酸钠，是人体所必需的一种氨基酸，对神经系统的功能有益。但是，要注意的是谷氨酸钠在高温时容易被破坏，并分解成带有一定毒性的焦谷氨酸钠，所以加味精后不可长时间煎煮，最好在菜快要出锅时再加入味精。

肉、骨烧煮时忌加冷水

肉和骨中含有大量的蛋白质和脂肪，在烧煮时如果突然加冷水，汤汁的温度就会骤然下降，这时蛋白质和脂肪就会迅速凝固，骨和肉的空隙也会骤然收缩而不会变烂，而且骨和肉本身的鲜味也会受到影响。

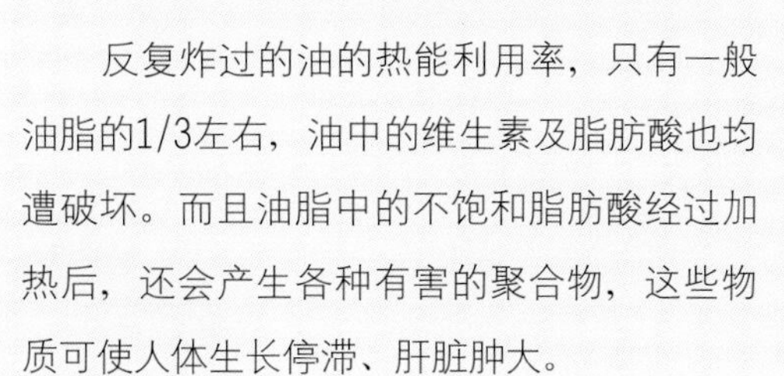

反复炸过的油不宜食用

反复炸过的油的热能利用率，只有一般油脂的1/3左右，油中的维生素及脂肪酸也均遭破坏。而且油脂中的不饱和脂肪酸经过加热后，还会产生各种有害的聚合物，这些物质可使人体生长停滞、肝脏肿大。

炒菜温度不宜过高

炒菜的过程中，温度过高时间过长是不适宜的，许多蔬菜在加热过程中，有20%~70%的营养物质会损失。煮熟过度时，还会使许多维生素遭到破坏，因此煮熟食物后应立刻停火。

炒菜时适宜加醋

在炒菜过程中，多加点醋，可以避免食材中维生素C的流失，而维生素C可以阻断一种可导致消化道癌症的亚硝基化合物的形成。

常见家用厨具介绍

电饭锅

平底锅

电磁炉

电饭锅	电饭锅能够进行蒸、煮、炖、煨、焖，不过一般用来煮米饭。
炒　锅	炒菜必需的工具，一般有铁锅、不锈钢锅。
锅　铲	用来炒菜的铲子，炒菜、盛菜都少不了它。
平底锅	平底锅类似于炒锅，一般需要煎的食物都选用平底锅。
砧　板	切菜必须要用砧板，一般有木制、竹制、塑料的几种。
菜　刀	切菜的工具，很锋利，使用时要注意不要切伤手。
磨刀石	顾名思义，磨刀石就是用来磨刀的石头。菜刀钝了，用磨刀石磨几下，可锋利如初。
汤　勺	用来盛汤的工具，以不锈钢材质的为好。
漏　勺	勺子形状，但中间有很多小孔，用来捞东西的，可沥干水分。
电磁炉	用电加热食物的灶具，优点是没有明火，而且干净、安全。

榨汁机	各种蔬菜、水果榨汁都需要用到它。
削皮器	专门用来削带皮的蔬果的小工具。
刨丝器	刨丝器能更好地将蔬菜、水果刨成丝状，又快又安全。
厨房剪刀	可用来剪一些不好切的食物，比如鸡脆骨、烤肉、海苔片等。
微波炉	就是用微波来煮饭烧菜的，一般用来热饭，使用微波炉的时候一定要注意写了“微波炉适用”的工具才能放进微波炉，否则会引起爆炸。
烤 箱	家用烤箱可以用来加工一些面食。如面包、比萨，也可以做蛋挞、小饼干之类的点心。还可以烹饪一些较硬、块头较大的食材，如烤鸡、烤排骨、烤羊腿之类。
电蒸锅	电蒸锅也叫电蒸笼，电蒸锅是一种在传统的木蒸笼、铝蒸笼、竹蒸笼等基础上开发出来的用电热蒸汽原理来直接清蒸各种美食的厨房生活电器。
蒸 架	蒸架有固定脚架，可放在电饭煲、炒锅等锅内蒸东西，在煮锅内加入适量的水，可直接将蒸架放置锅内，再把所需蒸煮的食物摆放在蒸架上，加热即可。
打蛋器	可以简单而迅速地把蛋清和蛋黄打散充分融合成蛋液，以便用来做蒸蛋。

榨汁机

烤 箱

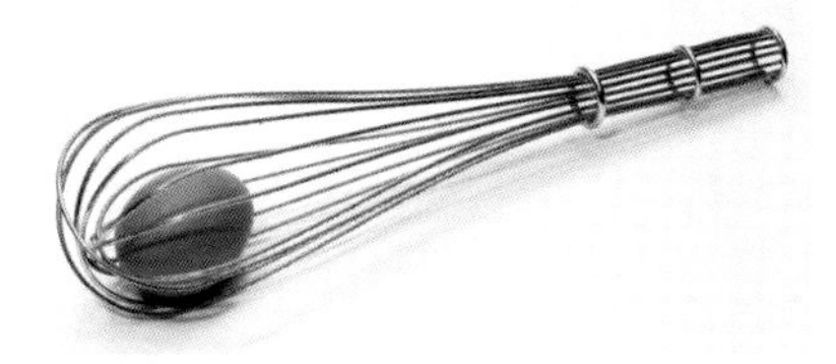
打蛋器

常见调料介绍

食用油	炒菜必需品，有花生油、玉米油、葵花子油、橄榄油、芝麻香油、调和油等各种类型。
盐	盐是调味料之首，没有盐，菜就淡而无味，一般在出锅前才放盐。
酱　油	酱油分生抽和老抽两种。生抽味较淡，颜色浅，清淡的菜可用生抽调味；老抽味浓，颜色深，需要上色的菜就要用老抽。
醋	常见调味料，味道比较酸，一般熘菜、凉拌菜中会用到醋。
鸡　精	鸡精是可以使菜肴味道变得更鲜美的调味料。
蚝　油	蚝油是用牡蛎熬制而成的调味料。味道非常鲜美，各种菜肴都可以用其来调味。
料　酒	是专门用来烹饪调味的酒。一般用来去腥提香，如牛肉、海鲜等都需要用到料酒。
淀　粉	淀粉可用来腌渍食物，经淀粉腌渍的食物会变得更嫩，也可用来勾芡，使食物变得更加浓稠。
白　糖	做甜点或糖水时经常要使用白糖，也可以用于带酸味的菜中，可以中和酸性，让菜变得更可口。
豆　豉	鲜美可口、香气独特，含有丰富的蛋白质、多种氨基酸等营养物质，被称为能“调和五味”。
胡　椒	在烹调饮食中，用于去腥解膻及调制浓味的肉类菜肴。兼有开胃增食的功效，又能解鱼、蟹等食物的毒。
花　椒	花椒可以除去各种肉类的腥气，是四川人使用最多的调料，腌渍、卤汤、烧制的各种肉类荤菜、火锅中经常用到。

猪肉

中国食猪肉历史由来已久。苏东坡《食猪肉》诗曰：“黄州好猪肉，价贱如粪土。富者不肯吃，贫者不解煮。慢著火，少著水，火候足时它自美。每日起来打一碗，饱得自家君莫管。”后世“东坡肉”即缘此而创制，对中国的猪肉烹调技术产生了深远影响。现在家家户户的餐桌上仍离不开猪肉，如红烧肉、酸甜排骨、肉丸子等都是家常的美味佳肴。

酸萝卜炒肉

酸辣可口 · 鲜爽开胃

原料：猪肉50克，酸萝卜200克，青、红椒各适量

调料：盐、食用油、老抽、辣椒油各适量

制作点睛：

酸萝卜有咸鲜味，烹炒中不必加盐和味精。

健康解密

这道菜中含有蛋白质、脂肪、矿物质及动物胶和多种氨基酸等，食后有滋阴润燥、益气生津的功效。

做法

❶ 猪肉洗净，切片，加盐、老抽腌渍；酸萝卜切丁；红椒洗净，切片；青椒洗净，切圈。

❷ 锅中入油烧热，入肉片炒至变色时，加入酸萝卜、青椒、红椒同炒片刻。

❸ 调入辣椒油炒匀，注入少许清水烧开，起锅盛入盘中即可。

酸豆角肉末

清爽开胃 · 余味绵长

原料：猪肉、酸豆角各200克，干红椒少许

调料：盐、食用油、胡椒粉、料酒、辣椒油、生抽各适量

做法

1. 猪肉洗净，剁成肉末，加盐、胡椒粉、料酒腌渍；酸豆角、干红椒均洗净，切小段。
2. 油锅烧热，入肉末过油后盛出。
3. 锅中留油烧热，入干红椒炒香，加入酸豆角、肉末快速翻炒。
4. 调入辣椒油、生抽炒匀，起锅盛入盘中即可。

健康解密

这道菜中含有丰富的优质蛋白质、碳水化合物及多种维生素、微量元素等，可补充机体的营养素，其中所含的B族维生素能维持正常的消化腺分泌和胃肠道蠕动，抑制胆碱酶活性，可帮助消化，增进食欲。

制作点睛：

买来的酸豆角要清洗干净，以免影响成菜口感。酸豆角有盐分，烹调时盐要少放。

酸菜小笋炒肉末

酸辣可口·回味无穷

原料：小笋200克，酸菜、猪肉各50克，红椒、蒜苗各适量

调料：食用油、盐、老抽、辣椒油、香油各适量

制作点睛：

小笋比较吸油，这道菜可适量多加些油。

健康解密

这道菜品有促进肠道蠕动、帮助消化、消除积食、防止便秘的功效。

做法

1. 酸菜洗净，切碎；猪肉洗净，剁成肉末；袋装小笋洗净，切段；红椒洗净，切圈；蒜苗洗净，切段。
2. 油锅烧热，入肉末稍炒后，加入小笋、红椒翻炒均匀。
3. 调入盐、老抽、辣椒油炒匀，加入酸菜、蒜苗同炒片刻。
4. 淋入香油，起锅盛入盘中即可。

酸辣味

受大众欢迎度 ★★★☆☆

肉丁焖青豆

咸鲜可口·赏心悦目

原料：猪肉200克，嫩豌豆150克，红椒少许

调料：盐、食用油、生抽、辣椒油、香油各适量

做法

1. 猪肉洗净，切小丁；嫩豌豆洗净，焯水后捞出，沥干水分；红椒洗净，切小片。
2. 油锅烧热，入肉丁过油后盛出。
3. 再热油锅，入嫩豌豆翻炒片刻，加入肉丁，注入少许清水焖煮至熟。
4. 入红椒稍炒后，调入盐、生抽、辣椒油炒匀，淋入香油，起锅盛入盘中即可。

健康解密

这道菜富含不饱和脂肪酸和大豆磷脂，有保持血管弹性、健脑和防止脂肪肝形成的作用。此外，其中所含的优质动物蛋白、B族维生素等多种营养素，有滋肝益肾、清热解毒、润燥生津的功效。

制作点睛：

嫩豌豆难以熟透，要先用热水焯一下，同时还可去除其豆腥味。

鸡蛋干炒肉片

鲜香滑口 · 肉质酱香

原料：猪肉100克，鸡蛋干150克，青椒、红椒、蒜苗各适量

调料：食用油、盐、胡椒粉、料酒、辣椒油、香油各适量

健康解密

鸡蛋干的质地和色泽类似传统豆腐干，含有丰富的优质蛋白，每100克鸡蛋干约含13克蛋白质；此外，鸡蛋干还含有丰富的维生素A、维生素B_2、维生素B_6、维生素D、维生素E以及人体所需的微营养素，如钾、钠、镁、磷、铁等，营养价值颇高。

做法

1. 猪肉洗净，切片，加盐、料酒腌渍；鸡蛋干洗净，切片；青、红椒均洗净，切圈；蒜苗洗净，切段。
2. 锅中入油烧热，入肉片滑至刚熟时盛出。
3. 再热油锅，入青、红椒炒香，加入鸡蛋干同炒片刻。
4. 调入盐、胡椒粉、辣椒油炒匀，再入蒜苗、肉片同炒片刻，淋入香油，起锅盛入盘中即可。

制作点睛：

可以根据个人口味决定放多少辣椒。

西芹香干炒肉片

微辣可口·味道鲜美

原料：猪肉50克，香干150克，西芹、红椒各适量

调料：食用油、盐、胡椒粉、老抽、辣椒油、香油各适量

制作点睛：

把香干放入锅中，翻炒几下就可以放入西芹，这样香干就不会烂。

做法

1. 猪肉洗净，切片；西芹洗净，切段；香干、红椒均洗净，切条。
2. 锅置火上，入油烧热，入肉片炒至变色时盛出。
3. 锅中留油烧热，入香干稍炒，加入西芹、红椒同炒片刻。
4. 倒入肉片翻炒均匀，调入盐、胡椒粉、老抽、辣椒油炒匀，淋入香油，起锅盛入盘中即可。

健康解密

这道菜蛋白质、铁等营养素含量较高，能避免皮肤干燥、面色无华，而且可使目光有神，头发黑亮。

咸鲜味

受大众欢迎度 ★★★★☆

肉末茄子

营养丰富 · 简单易做

原料：猪肉50克，茄子200克，青、红椒各适量

调料：食用油、盐、胡椒粉、生抽、香油各适量

制作点睛：

茄子尽量选嫩的，以保持鲜软的口感。

做法

1. 猪肉洗净，剁成肉末；茄子洗净，切长条，焯水后捞出；红椒洗净，切圈；青椒洗净，切片。
2. 锅中入油烧热，入肉末炒至变色时，放入茄子同炒均匀。
3. 加入青、红椒翻炒片刻，注入少许清水烧开。
4. 调入盐、胡椒粉、生抽炒匀，淋入香油，起锅盛入盘中即可。

健康解密

此菜品以茄子和猪肉为主要食材，不仅色香味俱全，而且营养丰富，有降低胆固醇和延缓衰老的功效。

咸辣味

受大众欢迎度 ★★★☆☆

茶树菇肉丝

精美小炒 · 清爽营养

原料：新鲜茶树菇200克，猪里脊肉100克，红椒、葱各适量

调料：盐、食用油、胡椒粉、生抽、白醋、料酒、香油各适量

做法

1. 新鲜茶树菇去蒂、洗净；猪里脊肉洗净，切丝，加盐、料酒腌渍；红椒洗净，切条；葱洗净，切段。
2. 锅中入油烧热，放入肉丝过油后盛出。
3. 再热油锅，入红椒炒香，加入茶树菇炒匀，再倒入肉丝快速翻炒。
4. 调入盐、胡椒粉、生抽、白醋炒匀，入葱段稍炒后，淋入香油，起锅盛入盘中即可。

健康解密

这道菜的蛋白质含量很高，且含有丰富的B族维生素和钾、钠、钙、镁、铁、锌等矿物质，有抗衰老、降低胆固醇、防癌和抗癌的特殊作用，是居家生活中的健康菜品。

制作点睛：

翻炒时间不宜过长，以免肉丝失去嫩滑，茶树菇水分流失，口感过干。

五彩炒肉丝 »

五彩缤纷 · 诱人食欲

原料：猪里脊肉150克，胡萝卜、香芹、青椒、红椒、淀粉各适量

调料：食用油、盐、胡椒粉、生抽、料酒、辣椒油、香油各适量

做法

1. 猪里脊肉洗净，切丝，加盐、胡椒粉、料酒、水淀粉拌匀腌渍；胡萝卜去皮、洗净，切丝；青、红椒均洗净，切丝；香芹洗净，切段。
2. 锅中入油烧热，入肉丝过油至变色时盛出。
3. 锅中留油烧热，入胡萝卜翻炒片刻后，加入香芹、青椒、红椒同炒。
4. 调入盐、生抽、辣椒油炒匀，加入肉丝快速炒片刻后，淋入香油，起锅盛入盘中即可。

健康解密

这道菜中含有丰富的营养素，具有补虚强身、滋阴润燥、丰肌泽肤的作用。

« 小炒五花肉

香辣可口 · 下饭佳肴

咸辣味

受大众欢迎度 ★★★★☆

原料：带皮五花肉300克，青、红椒各适量

调料：盐、食用油、味精、胡椒粉、辣椒油、料酒、老抽各适量

做法

1. 带皮五花肉洗净，切片；青、红椒均洗净，切圈。
2. 锅置火上，入少许油烧热，放入五花肉煸炒至出油。
3. 烹入料酒、老抽炒匀，加入青、红椒同炒片刻。
4. 调入盐、胡椒粉、辣椒油炒匀，以味精调味，起锅盛入碗中即可。

健康解密

这道菜中不仅含有大量优质蛋白质，而且比例恰当，容易消化吸收。

菜把白肉

香辣嫩滑·肥美多汁

原料：带皮五花肉350克，香菜、大蒜、姜片、葱段、熟白芝麻各适量

调料：盐、味精、胡椒粉、老抽、白醋、辣椒油、辣椒酱、料酒各适量

做法：

1. 带皮五花肉洗净，放入加有姜片、葱段、料酒的沸水锅中煮熟后捞出，沥干水分；香菜洗净，切段；大蒜去皮、洗净，剁成末。
2. 将煮好的肉切成大薄片，并将备好的香菜分别放入肉片中，逐片卷好，摆入盘中。
3. 将盐、味精、胡椒粉、老抽、白醋、辣椒油、辣椒酱、蒜末调匀成味汁，淋在肉卷上，撒上熟白芝麻即可。

搭配理由

猪肉富含B族维生素，而B族维生素在人体内停留的时间很短，如果猪肉搭配蒜食用，不仅可使B族维生素的析出量提高数倍，还能使它原来溶于水的性质变为溶于脂的性质，从而延长B族维生素在人体内的停留时间，这样对促进血液循环及尽快消除身体疲劳、增强体质等都有重要的营养意义。

制作点睛：

五花肉切得越薄，口感越好。如果把晾凉的五花肉放冰箱冻一会儿，待定型后会比较好切。

香辣味

受大众欢迎度 ★★★★★

玫瑰扣肉夹馍

巧妙搭配 · 肉香馍软

原料：带皮五花肉400克，梅干菜、香菜、夹馍、姜末、蒜末、熟白芝麻各适量

调料：食用油、盐、味精、胡椒粉、料酒、老抽、蚝油各适量

制作点睛：

五花肉要选瘦肉部分与肥肉部分成2：1比例的，口感会更好。蒸肉时要盖紧锅盖，软熟程度要及时判断。若选购的梅干菜较咸，或喜欢吃软绵的梅干菜，烹制前浸泡时间可延长，并可依个人口感，酌情加减调味料的用量。

健康解密

这道菜营养丰富，且易于人体吸收，有补充皮肤养分、美容的效果。

做法

1. 带皮五花肉洗净，放入沸水锅中汆水后捞出，在肉皮上抹上盐、料酒、老抽；梅干菜泡发、洗净，挤干水分，切碎；香菜洗净，切段；将盐、味精、胡椒粉、姜末、蒜末、老抽、蚝油加入少量清水拌匀，做成味汁。
2. 油锅烧热，放入五花肉，皮朝下，炸至金黄色后捞出，待凉后切片。
3. 在肉片中包入梅干菜，卷成玫瑰花状，码入碗内，再均匀地浇上调味汁，放入锅中蒸约1小时后取出，倒扣于以香菜垫底的盘中，撒上熟白芝麻。
4. 在盘边摆上蒸好的夹馍，搭配食用即可。

酱香味

受大众欢迎度 ★★★★★

花菜炒腊肉 »

味美开胃 · 无法抗拒

原料：腊肉、胡萝卜各50克，花菜200克，蒜苗适量

调料：盐、食用油、味精、生抽、白醋、香油各适量

做法

1. 腊肉放入沸水锅中煮至回软后捞出、洗净，切片；花菜洗净，掰成小朵；胡萝卜去皮、洗净，切片；蒜苗洗净，切段。
2. 将花菜、胡萝卜分别焯水后捞出，沥干水分。
3. 油锅烧热，入腊肉煸炒至出油时，加入花菜、胡萝卜快速翻炒均匀。
4. 调入盐、生抽、白醋炒匀，加入蒜苗稍炒，以味精调味，淋入香油，起锅盛入盘中即可。

健康解密

这道菜营养丰富，含有蛋白质、脂肪、磷、铁、胡萝卜素、维生素等成分，具有抗癌作用，还有助于消除水肿，改善便秘。

« 一碗香

香飘四溢 · 下饭佳品

香辣味

受大众欢迎度 ★★★★★

原料：腊肉80克，卤猪耳、黑木耳、韭菜花、香芹、红椒各适量

调料：盐、食用油、胡椒粉、老抽、白醋、辣椒油、香油各适量

做法

1. 腊肉入沸水锅中煮至回软时捞出、洗净，切片；卤猪耳切片；黑木耳泡发、洗净，撕成片；韭菜花、香芹均洗净，切段；红椒洗净，切丝。
2. 锅置火上，入油烧热，入腊肉、卤猪耳翻炒片刻，加入黑木耳同炒。
3. 调入盐、胡椒粉、老抽、白醋、辣椒油炒匀，入韭菜花、香芹、红椒稍炒后，淋入香油，起锅盛入碗中即可。

健康解密

这道菜中磷、钾、钠的含量丰富，同时还含有脂肪、蛋白质、胆固醇、碳水化合物等元素，具有开胃祛寒、消食等功效。

韭菜花爆酱肉

咸香扑鼻·有滋有味

原料：酱肉100克，韭菜花、红椒各适量

调料：食用油、生抽、辣椒油、香油、胡椒粉各适量

制作点睛：

酱肉可以切成薄片用来爆炒，也可以用做蒸菜，或者做汤也不错。在切酱肉的时候一定要尽量切薄一些，口感才好，且容易将酱肉的香气挥发出来。

做法

1. 酱肉洗净，切片，入锅蒸至软后取出，待用；韭菜花、红椒均洗净，切段。
2. 锅置火上，入油烧热，入酱肉煸香，加入韭菜花、红椒翻炒均匀。
3. 调入胡椒粉、生抽、辣椒油炒匀，淋入香油，起锅盛入盘中即可。

特别解说：

酱肉的制作方法：将鲜猪后腿肉切成宽条，放入瓦缸内，每5000克肉放酱油750克、盐250克、味精750克、花椒粉250克、姜片500克、香葱750克、白酒250克，腌渍6天，每2天翻动1次，腌渍时间到后，用叉钩挂在通风处。有条件的地方也可挂在烘房内，烘烤2天，待水分烘干后即可食用。

酱香味

受大众欢迎度 ★★★★★

砂锅腊香老豆腐

腊香扑鼻 · 风味独特

原料：腊肉 100 克，老豆腐、蒜苗、红尖椒各适量

调料：食用油、盐、胡椒粉、老抽、辣椒油、蚝油、香油各适量

搭配理由

豆腐中的蛋白质、氨基酸的含量和比例并不是非常合理，也不是特别适合人体的消化吸收。因此，如果在豆腐中加入猪肉这类蛋白质含量非常高的食物，就能和豆腐起到“蛋白质互补”的作用，使豆腐的蛋白质更好地被人体吸收和利用。

做法

1. 腊肉放入沸水锅中煮至回软后捞出、洗净，切片；老豆腐稍洗、切片；蒜苗、红尖椒均洗净，切段。
2. 锅中入油烧热，放入腊肉煸炒至出油时，将腊肉推至锅边。
3. 放入豆腐煎至两面金黄时，与腊肉翻炒均匀，注入少许清水烧开。
4. 调入盐、胡椒粉、老抽、辣椒油、蚝油炒匀，加入红尖椒、蒜苗炒片刻，起锅盛于烧热的砂锅中，淋入香油即可。

荷兰豆腊味

腊香浓郁 · 极致美味

原料：荷兰豆200克，腊肠100克

调料：食用油、盐、胡椒粉、生抽、白醋、香油各适量

做法：

1. 荷兰豆去老筋、洗净；腊肠洗净，切薄片。
2. 锅置火上，入油烧热，放入腊肠煎至透明时，加入荷兰豆快速翻炒。
3. 调入盐、胡椒粉、生抽、白醋继续翻炒均匀，淋入香油，起锅盛入盘中即可。

制作点睛：

优质腊肠色泽光润、瘦肉粒呈自然红色或枣红色；脂肪雪白、条纹均匀；手感干爽、腊衣紧贴、结构紧凑、弯曲有弹性；切面肉质光滑无空洞、无杂质、肥瘦分明、香气浓郁，肉香味突出。此外，腊肠本身带有盐味，烹饪时要依据个人的口味适当放盐。

健康解密

这道菜中含有丰富的蛋白质、碳水化合物、维生素和人体所需微量元素，具有补脾胃、助暖祛寒、生津补虚、强肌增体、开胃助食、增进食欲的功效。

山椒猪蹄

质感香醇·软绵鲜香

原料：猪蹄500克，胡萝卜、芹菜、野山椒、红椒、姜片、葱段各适量

调料：盐、味精、白糖、料酒、白醋各适量

制作点睛：

猪蹄最好切成小块，容易入味，而且吃起来方便。

健康解密

这道菜富含胶原蛋白质，多吃可减少和推迟皱纹的发生，对人体皮肤有较好的美容作用。

做法

1. 猪蹄处理干净，剁成块，放入加有料酒的沸水锅中煮至熟透时捞出；胡萝卜均去皮、洗净，切条；芹菜洗净，切段；红椒洗净。
2. 锅置火上，注入适量清水烧开，放入姜片、葱段煮出味后捞出，倒入料酒，加入猪脚同煮入味后捞出。
3. 将泡菜坛洗净，晾干，将盐、味精、白糖、野山椒、白醋和适量凉开水调匀，倒入泡菜坛内，放入猪脚泡约3小时，再入胡萝卜、芹菜、红椒泡2小时，食用时将泡好的材料捞出盛入碗中即可。

咸鲜味

受大众欢迎度 ★★★☆☆

清炖肘子

肥而不腻·食之不厌

原料：猪肘子600克，菠菜、姜片、葱段各适量

调料：盐、胡椒粉各适量

做法

1. 猪肘子处理干净，放入沸水锅中汆水后捞出；菠菜洗净，切段。
2. 砂锅置火上，注入适量清水以大火烧开，放入猪肘子、姜片、葱段，盖上锅盖，改用小火慢炖2小时。
3. 去除姜片、葱段，加入菠菜稍煮，调入盐、胡椒粉拌匀即可。

健康解密

猪肘中含丰富的胶原蛋白，可促进毛皮生长，预防和治疗进行性肌营养不良症，还可改善冠心病和脑血管病，对消化道出血、失水性休克也有一定的疗效。

黄豆焖蹄花

金黄诱人·味美无比

原料：猪脚400克，黄豆、姜各适量

调料：盐、食用油、冰糖、老抽、蚝油、料酒各适量

做法

1. 猪脚处理干净，剁成块，放入加有姜片、料酒的沸水锅中汆水后捞出；黄豆用清水浸泡后、洗净；姜去皮、洗净，切片。
2. 锅置火上，入油烧热，放入冰糖，以小火炒至冰糖融化时，倒入猪脚，待猪脚均匀裹上糖色时，加入黄豆，调入盐、老抽、蚝油拌匀。
3. 注入适量清水烧开，以小火慢焖煮约2小时后，起锅盛入碗中即可。

酱香味

受大众欢迎度 ★★★★☆

健康解密

猪脚能改善四肢疲乏、腿部抽筋等症状，还有助于青少年生长发育和减缓中老年妇女骨质疏松的速度。

贵妃猪手

骨肉易离 · 皮爽肉滑

原料：猪手500克，姜片、葱段、干红椒、花椒、八角、桂皮各适量

调料：食用油、盐、胡椒粉、老抽、料酒各适量

做法

1. 猪手处理干净，剁成块，汆水后捞出；姜片、葱段、干红椒、花椒、八角、桂皮用纱布包好，制成香料包。
2. 油锅烧热，入猪手炸至金黄色时，注入适量清水以大火烧开，再放入香料包。
3. 调入盐、胡椒粉、老抽、料酒拌匀，改用小火煮约2小时后，去除香料包，起锅盛入碗中即可。

健康解密

猪手中的胶原蛋白质在烹饪过程中可转化成明胶，它能结合许多水，从而有效改善机体生理功能和皮肤组织细胞的储水功能，防止皮肤过早褶皱，延缓皮肤衰老。

制作点睛：

选购猪手时要求其肉皮色泽白亮并且富有光泽，无残留毛及毛根。

酸菜炒猪肚

鲜香可口 · 酸爽开胃

原料：猪肚300克，酸菜100克，青椒、红椒、姜片各适量

调料：食用油、盐、胡椒粉、生抽、辣椒油、白醋、料酒各适量

做法

1. 猪肚处理干净，放入加有料酒、姜片的沸水锅中汆水后捞出，切条；酸菜洗净，切段；青、红椒均洗净，切条。
2. 锅中入油烧热，倒入肚条爆炒后，加入酸菜、青椒、红椒翻炒均匀。
3. 调入盐、胡椒粉、生抽、辣椒油、白醋炒匀，起锅盛入盘中即可。

健康解密

猪肚含有蛋白质、脂肪、碳水化合物、维生素及钙、磷、铁等营养成分，具有补虚损、健脾胃的功效，适用于气血虚损、身体瘦弱者食用。

制作点睛：

新鲜猪肚呈黄白色，黏液多，肚内无块和硬粒，弹性较足。猪肚要煮至以筷子扎入能够穿透为宜。

胡椒浸猪肚

汤味浓郁·软糯适口

原料：猪肚350克，胡萝卜、西芹、胡椒、花椒、姜片各适量

调料：盐、食用油、白醋、料酒各适量

做法

1. 猪肚洗净，放入加有料酒、花椒、姜片的沸水锅中汆水后捞出，待凉后切条。
2. 胡萝卜去皮、洗净，切片；西芹洗净，切段；胡椒入锅，以小火炒香、碾碎。
3. 锅中入油烧热，放入猪肚翻炒片刻，注入适量清水烧开，放入胡椒碎，以小火煮约1小时。
4. 加入胡萝卜、西芹稍煮，调入盐、白醋拌匀，起锅盛入碗中即可。

健康解密

这道菜有暖胃的作用，可用于治疗胃寒、心腹冷痛、因受寒而消化不良、虚寒性的胃溃疡等。这道菜不仅具有很好的饮食药疗效果，而且还非常美味，可以作为冬天的一道家常菜。

制作点睛：

猪肚要待煮熟后食用之前再放盐，否则会变硬。

咸鲜味

受大众欢迎度 ★★★★☆

这道菜有润燥、补虚、止渴止血之功效。适宜大肠病变，如痔疮、便血、脱肛者食用，亦适宜小便频多者食用。

韭香脆肠

脆嫩爽口 · 咸鲜醇香

原料：脆肠350克，韭菜100克，青甜椒、红甜椒、红米椒、姜、大蒜各适量

调料：食用油、盐、胡椒粉、生抽、白醋、辣椒油、料酒各适量

做法

1. 脆肠处理干净，切段，并剞上花刀，放入加有料酒的沸水锅中汆水后捞出；韭菜洗净，切长段；青、红甜椒均洗净，切条；红米椒洗净，切圈；大蒜、姜均去皮、洗净，切片。
2. 锅中入油烧热，入姜片、蒜片、红米椒爆香，加入脆肠翻炒均匀，调入盐、胡椒粉、生抽、白醋、辣椒油炒匀，加入青、红甜椒稍炒。
3. 在铁板上倒入少许油烧热，入韭菜煸出香味，再将脆肠出锅倒入韭菜上即可。

爆炒肥肠

鲜香厚重 · 质感香醇

原料：肥肠350克，红椒、蒜苗、姜各适量

调料：食用油、盐、生抽、白醋、料酒、辣椒油、香油各适量

做法

1. 肥肠处理干净，放入加有料酒的沸水锅中煮至较软时捞出，稍凉后切段；红椒洗净，切圈；蒜苗洗净，切段；姜去皮、洗净，切片。
2. 锅中入油烧热，入姜片爆香后捞除，倒入肥肠煸炒片刻。
3. 调入盐、生抽、白醋、辣椒油炒匀，加入红椒、蒜苗翻炒至断生时，淋入香油，起锅盛入盘中即可。

肥肠有润燥、补虚、止渴止血之功效，可用于治疗虚弱口渴、脱肛、痔疮、便血、便秘等症。

三杯大肠

鲜香润口·营养丰富

原料：猪大肠500克，八角、香叶、桂皮、姜片各适量

调料：食用油、盐、胡椒粉、冰糖、老抽、米酒各适量

制作点睛：

猪大肠一定要仔细冲洗干净，否则会有异味，可将大肠放在淡盐醋混合溶液中浸泡片刻，摘去脏物，再放入淘米水中浸泡，然后在清水中轻轻搓洗两遍即可。

健康解密

猪大肠性寒、味甘，有润肠、祛下焦风热、止小便频数的作用。

做法

1. 猪大肠处理干净，入沸水锅中汆水后捞出，八角、香叶、桂皮、姜片用纱布包好，制成香料包。
2. 锅中注入适量清水烧开，放入香料包和汆水后的猪大肠，煮约15分钟后捞出，稍凉后大肠切段。
3. 锅中入油烧热，放入大肠，再倒入一杯老抽、一杯米酒，注入适量清水烧开，调入盐、胡椒粉、冰糖，以小火煮约1小时。
4. 以大火收干汤汁，起锅盛于盘中即可。

姜葱猪舌

唇齿留香·回味悠长

原料：猪舌300克，姜、葱、青椒、红椒各适量

调料：盐、食用油、胡椒粉、生抽、辣椒油、白醋、料酒各适量

做法

1. 猪舌处理干净，放入加有料酒的沸水锅中汆水后捞出，稍凉后切片；姜去皮、洗净，切片；葱洗净，切小段；青、红椒均洗净，切片。
2. 锅中入油烧热，入姜片爆香，加入猪舌不停翻炒。
3. 调入盐、胡椒粉、生抽、辣椒油、白醋，加入葱段、青椒、红椒同炒片刻，起锅盛入盘中即可。

健康解密

猪舌含有丰富的蛋白质、维生素、烟酸、铁、硒等营养元素，具有滋阴润燥的功效。

制作点睛：

新鲜猪舌其灰白色包膜平滑，无异块和肿块，舌体柔软有弹性，无异味。变质的猪舌呈灰绿色，表面发黏、无弹性，有臭味。异常的猪舌呈红色或紫红色，表面粗糙，有出血点，有溃烂斑或肿块，或在舌根有猪囊虫寄生。

牛肉 羊肉 兔肉 驴肉

一提牛羊肉，儿时那咕嘟咕嘟响的炖锅、满屋的香气，在记忆中弥散开来。那温暖的感觉，就是心中家的味道。随着记忆的流淌，更多的美味跃上舌尖，都化作对家的思念。这些美味营养的食材，在妈妈的手下，变成了伴随成长的幸福。学一道记忆中的美味吧，让家的温暖和幸福传递下去。

盖浇牛肉

口感细嫩 · 椒香浓郁

原料：牛肉 300 克，青椒、红椒、花椒、淀粉各适量

调料：食用油、盐、胡椒粉、生抽、料酒、高汤各适量

做法

1. 牛肉洗净，切薄片，加盐、料酒、水淀粉腌渍；青、红椒均洗净，切圈。
2. 锅中入油烧热，入牛肉滑至变色时盛出。
3. 锅中留油烧热，注入适量高汤烧开，调入盐、胡椒粉、生抽拌匀，倒入牛肉煮约 2 分钟，起锅盛入碗中。
4. 再热油锅，入花椒、青椒、红椒爆香后，起锅淋在牛肉上即可。

搭配理由

牛肉中富含血红素铁，非常容易被人体吸收利用，而且不受食物中其他干扰因素，如草酸等的影响。青椒是蔬菜中最富含维生素C的种类之一，而维生素C可以帮助植物性食物中的三价铁还原成二价铁，更有利于铁的吸收。青椒搭配牛肉，色泽青翠，味道鲜嫩香滑。

制作点睛：

选购牛肉时，要挑选表面有光泽，肉质略紧且有弹性，气味正常者；若牛肉为深紫色并发暗，表面有黏性黏手，有异常气味，则表明牛肉不新鲜。

葱香爆牛肉

强身健体 · 四季皆宜

原料：牛肉200克，葱、姜片、淀粉各适量

调料：食用油、盐、老抽、料酒各适量

做法

1. 牛肉洗净，切片，加盐、老抽、料酒、水淀粉腌渍；葱洗净，切葱花。
2. 锅中入油烧热，入姜片炒香后捞除，倒入牛肉爆炒至熟，起锅盛入盘中，撒上葱花即可。

健康解密

牛肉中含有丰富的蛋白质，且氨基酸组成比猪肉更接近人体需要，能提高机体抗病能力，对生长发育及手术后、病后调养的人在补充失血和修复组织等方面特别适宜。

制作点睛：

牛肉切片要均匀，不可厚薄不一。这道菜要使用大火爆炒，并且炒制的时间不宜过长。

什菇炒牛肉

营养丰富·易于操作

原料：牛肉150克，杏鲍菇、草菇、金针菇、淀粉各适量

调料：食用油、盐、胡椒粉、料酒、生抽、香油各适量

做法

❶ 牛肉洗净，切片，加盐、胡椒粉、料酒、水淀粉腌渍；杏鲍菇、草菇均洗净，切片；金针菇去蒂、洗净，切段。

❷ 将杏鲍菇、草菇、金针菇分别放入沸水锅中焯水后捞出，沥干水分。

❸ 油锅烧热，入牛肉滑炒至变色时，加入杏鲍菇、草菇、金针菇同炒片刻。

❹ 调入盐、生抽、香油炒匀，起锅盛入盘中即可。

健康解密

这道菜中维生素和蛋白质的含量高，能促进人体新陈代谢，提高机体免疫力，增强抗病能力。

制作点睛：

牛肉的纤维组织较粗，结缔组织又较多，应横切，将长纤维切断，不能顺着纤维组织切，否则不仅没法入味，还嚼不烂。牛肉受风吹后易变黑，进而变质，因此要注意保存。

咸鲜味

受大众欢迎度 ★★★★★

滑介牛肉

肉质鲜滑·蛋香浓郁

原料：牛肉200克，鸡蛋2个，淀粉适量

调料：盐、食用油、胡椒粉、料酒、生抽、香油各适量

做法

1. 牛肉洗净，用刀背拍松，切成薄片，加盐、胡椒粉、料酒、生抽、水淀粉腌渍；鸡蛋磕入碗中，加入盐，搅散成蛋液。
2. 锅中入油烧热，入牛肉片滑至七成熟时盛出，倒入蛋液中拌匀。
3. 再热油锅，倒入拌匀蛋液的牛肉翻炒至熟，淋入香油，起锅盛入盘中即可。

健康解密

牛肉中含有丰富的蛋白质、脂肪、维生素和铁、钙、钾等人体所需要的矿物质，蛋白质为优质蛋白，对肝脏组织损伤有修复作用。鸡蛋中富含DHA和卵磷脂、卵黄素，对神经系统和身体发育有利，能健脑益智，改善记忆力，并促进肝细胞再生。

芥兰牛肉

鲜美嫩滑·入口回香

原料：牛肉250克，芥兰200克，姜片、蒜瓣、淀粉各适量

调料：食用油、盐、胡椒粉、老抽、料酒各适量

做法

1. 牛肉洗净，切片，加盐、胡椒粉、老抽、料酒、水淀粉拌匀腌渍。
2. 芥兰择洗干净，放入加有盐和油的沸水锅中烫熟后捞出，盛入盘中。
3. 油锅烧热，入姜片、蒜瓣爆香后捞除，倒入牛肉快速翻炒至熟，出锅盛于芥兰上即可。

制作点睛：

入锅后的牛肉要以大火炒匀，即时起锅，不宜翻炒过久，以尽量保持牛肉的嫩滑。

健康解密

芥兰中含有丰富的硫代葡萄糖苷，它的降解产物叫萝卜硫素，经常食用可降低胆固醇、软化血管、预防心脏病。

番茄牛肉

汁浓味香·酸甜可口

原料：牛肉 250 克，番茄 150 克

调料：食用油、盐、料酒、番茄酱各适量

做法

❶ 牛肉洗净，切小块，入加有料酒的沸水锅中汆水后捞出；番茄洗净，切块。

❷ 锅置火上，入油烧热，注入适量清水烧开。

❸ 放入番茄煮至变软时，加入牛肉同煮至熟，调入盐、番茄酱拌匀，起锅盛入碗中即可。

搭配理由

牛肉能提高机体抗病能力，还有暖胃作用，番茄则是含西红柿红素最多的食物，有防癌功效。将二者搭配不仅可发挥自身优势，更重要的是能增强补血功效。

酸甜味

受大众欢迎度 ★★★★★

健康解密

这道菜含有丰富的铁元素，能有效预防缺铁性贫血。

咸鲜味

受大众欢迎度 ★★★★☆

豆汤肥牛

肥牛滑嫩·鲜美味浓

原料：肥牛片 250 克，黄豆适量

调料：盐、食用油、胡椒粉、生抽、料酒、高汤、香油各适量

做法

❶ 黄豆用清水浸泡后、洗净。

❷ 锅中入油烧热，注入适量高汤烧开，放入黄豆，盖上锅盖，焖煮至熟。

❸ 开盖，入肥牛片烫至熟后，调入盐、胡椒粉、生抽、料酒拌匀，淋入香油，起锅盛入碗中即可。

健康解密

黄豆中蛋白质的成分较为全面，且富含胆碱类物质，有健脑益智和防癌抗癌的作用。

韭香肥牛

细嫩爽口·清香宜人

原料：肥牛片300克，韭菜、红椒各适量

调料：食用油、盐、胡椒粉、生抽、料酒、高汤各适量

做法

❶ 韭菜、红椒均洗净，切碎。

❷ 锅中入少许油烧热，注入适量高汤烧开。

❸ 放入韭菜、红椒，再入肥牛片烫至熟后，调入盐、胡椒粉、生抽、料酒拌匀即可。

搭配理由

牛肉能补充人体所需的蛋白质、矿物质和维生素，而韭菜的挥发性油和含硫化合物可降低血脂，弥补牛肉这方面的不足。将二者一同烹调，营养更全面。

特别解说：

肥牛中的上等精品，采用特级牛脊背中部肉，因肥瘦相间，形似眼状故称眼肉，其特点是涮食口感细腻如丝。上脑肥牛：脊背上部肉，因接近头部故称上脑，其特点是脂肪沉积于肉质中形似大理石花斑，是涮食佳品。外脊肥牛：采用外脊中后部肉，脂肪沉积于肉质一侧，红白相间、美观异常，涮食、生食都可，可分为4级，分别是S级外脊、A级外脊、B级外脊和F级外脊。腹肉肥牛：精选于肋骨后部肉，具有肥而不腻、瘦而不柴等特点，适合涮食。啤酒肥牛：采用普通肥牛外脊背、腹部等肉块加工合并成形的肥牛，其特点是口感好、鲜嫩、价格便宜，因育肥牛时以啤酒作为饲料，故称啤酒肥牛。

咸鲜味

受大众欢迎度 ★★★★☆

萝卜牛腩煲

相得益彰·妙不可言

原料：牛腩350克，白萝卜200克，八角、桂皮、香叶、干红椒、姜片各适量

调料：食用油、盐、胡椒粉、老抽、料酒、香油各适量

做法

❶ 牛腩洗净，切块，放入加有料酒的沸水锅中汆水后捞出；白萝卜去皮、洗净，切块；八角、桂皮、香叶、干红椒、姜片用纱布包好，制成香料包。

❷ 瓦煲中入油烧热，放入牛肉翻炒片刻，注入适量清水以大火烧开，放入香料包，盖上盖，改用小火煲约40分钟。

❸ 开盖，去除香料包，调入盐、胡椒粉、老抽拌匀，加入白萝卜同煲20分钟，以大火收浓汤汁，淋入香油即可。

健康解密

牛腩性温，吃多了容易上火；而白萝卜性偏寒，两者同煲正好起到寒热中和的效果。而且，白萝卜中含有丰富的维生素、淀粉酶、氧化酶、锰等元素，所含的糖化酶素，可以分解其他食物中的致癌物亚硝胺，从而起到抗癌作用。

制作点睛：

调味料和香料都可以根据个人嗜好增减。一定要用小火慢煲才能使牛腩软熟。

板栗烧牛腩

酥软可口·滋补美味

原料：牛腩 400 克，板栗 200 克，胡萝卜、八角、桂皮、香叶、干红椒、姜片、大葱、淀粉各适量

调料：食用油、盐、胡椒粉、老抽、料酒、香油各适量

制作点睛：

板栗去壳后，用开水稍烫一会儿，就可以很容易将皮剥掉。

健康解密

板栗中含有大量淀粉、蛋白质、脂肪、B族维生素等多种营养素，素有“干果之王”的美称，能防治高血压、冠心病、动脉硬化、骨质疏松等疾病。

做法

❶ 牛腩洗净，切块，放入加有料酒的沸水锅中汆水后捞出；板栗去壳、去皮、洗净；胡萝卜去皮、洗净，切块；八角、桂皮、香叶、干红椒、姜片用纱布包好，制成香料包；大葱洗净，切段。

❷ 锅中入油烧热，放入牛腩翻炒片刻，注入适量清水以大火烧开，放入香料包，盖上锅盖，改用小火煮约 40 分钟。

❸ 打开锅盖，去除香料包，调入盐、胡椒粉、老抽拌匀，加入板栗、胡萝卜同煮 20 分钟，待汤汁快干时，加入葱段，以水淀粉勾芡，淋入香油，起锅盛入碗中即可。

黑椒炒牛仔骨

颜色美观 · 椒香四溢

原料：牛仔骨300克，洋葱、青甜椒、红甜椒、黄甜椒、蒜瓣、淀粉各适量

调料：食用油、盐、黑胡椒碎、黄酒、蚝油、老抽各适量

做法

❶ 牛仔骨洗净，剁成块，加盐、黑胡椒碎、黄酒、蚝油、老抽、水淀粉拌匀腌渍40分钟。

❷ 洋葱洗净，切片；青、红、黄甜椒均洗净，切片；大蒜去皮、洗净。

❸ 锅置火上，入油烧热，入蒜瓣爆香后，下入牛仔骨以大火煸炒。

❹ 加入洋葱翻炒均匀，再入青、红、黄甜椒同炒，起锅盛入盘中即可。

搭配理由

牛仔骨是高蛋白、低脂肪的食物，配上洋葱，可以额外补充维生素和膳食纤维，而且，洋葱有一种辛辣香气，在烹制牛肉时放一些，可以去除膻腥，同时成菜会爽脆清甜、鲜美味浓。

制作点睛：

牛仔骨一定要腌够时间才能入味，腌渍好后，在炒制时就可不必再放调味料了。用旺火煸炒可立即锁住水分，且炒的时间不宜过长，否则容易老。

香栗蹄筋

色泽艳丽·口感绵香

原料：水发牛蹄筋200克，板栗、胡萝卜、莴笋各适量

调料：食用油、盐、胡椒粉、白醋、香油各适量

做法

❶ 水发牛蹄筋洗净，切条；板栗去壳、去皮、洗净；胡萝卜、莴笋均去皮、洗净，切条。
❷ 油锅烧热，倒入牛蹄筋翻炒片刻。
❸ 加入板栗、胡萝卜炒匀，注入少许清水烩煮片刻，再入莴笋同煮至熟。
❹ 调入盐、胡椒粉、白醋拌匀，以大火收干汤汁，淋入香油，起锅盛入盘中即可。

特别解说：

牛蹄筋是牛脚掌部位块状的筋腱，就像拳头一样，而不是长条的筋腱，长条的筋腱是牛腿上的牛大筋。一个牛蹄只有500克左右块状的筋腱。牛蹄筋分为许多种，牦牛最好，黄牛次之，再次是水牛；壮年牛最好，小牛和老牛次之；好斗者、体重者、无病者最好。

制作点睛：

买来的发制好的牛蹄筋应反复用清水洗几遍。

茶树菇焗蹄筋

营养丰富·别有风味

原料：水发牛蹄筋250克，茶树菇、红椒、葱各适量

调料：食用油、盐、胡椒粉、老抽、白醋、高汤各适量

搭配理由

蹄筋的特点为滑爽酥香、味鲜口利，可与烧海参等名贵菜肴相媲美。与茶树菇一同制成菜，口感淡嫩不腻，味道极佳。

做法

❶ 水发牛蹄筋洗净，切条；茶树菇泡发、洗净，切段；红椒洗净，切条；葱洗净，切段。

❷ 油锅烧热，放入牛蹄筋炒片刻。

❸ 调入盐、胡椒粉、老抽、白醋炒匀，加入茶树菇、红椒、葱段稍炒，待用。

❹ 取砂锅置火上烧热，倒入炒过的食材，注入少许高汤，以小火焗约10分钟即可。

制作点睛：

茶树菇可以多放一些，营养更丰富。

咸鲜味

受大众欢迎度 ★★★☆☆

家常毛血旺

清透红亮 · 制作简单

原料：牛百叶200克，牛肉150克，火腿、鸭血、黄喉、黄豆芽、香菜叶、干红椒、花椒、姜片、葱各适量

调料：食用油、盐、白糖、料酒、白醋、老抽、花椒油、辣椒油、郫县豆瓣、高汤各适量

做法

❶ 牛百叶洗净，切片，汆水后捞出；牛肉洗净，切片，加料酒腌渍；火腿、黄喉均洗净，切片；鸭血洗净，切块，汆水后捞出；黄豆芽洗净，入沸水锅中焯水后捞出，盛入碗中；香菜叶洗净；干红椒、葱均洗净，切小段；郫县豆瓣剁细。

❷ 锅内入油烧热，入姜片、郫县豆瓣炒香，注入适量高汤以大火烧开。

❸ 放入牛百叶、牛肉、火腿、鸭血、黄喉，调入盐、白糖、料酒、白醋、老抽、花椒油、辣椒油拌匀，改用小火煮至入味后，起锅盛于黄豆芽上。

❹ 再热油锅，入花椒、干红椒、葱段爆香，淋于煮好的食材上，放上香菜叶即可。

制作点睛：

将部分食材分别焯烫一下备用，可以使煮好的毛血旺汤汁清透红亮，口味更佳。最后淋上去的那一层油不能少，这层油不但可以增加香味，最大的特点是给食材保温，让食材烫烫的才好吃。

水煮毛肚

麻辣鲜香 · 嚼劲十足

原料：毛肚250克，干红椒、花椒、葱各适量

调料：食用油、盐、胡椒粉、老抽、料酒、高汤各适量

做法

❶ 毛肚处理干净，放入加有料酒的沸水锅中汆水后捞出，稍凉后切块；干红椒洗净，切小段；葱洗净，切葱花。

❷ 锅中入油烧热，入花椒、干红椒爆香后，注入适量高汤烧开。

❸ 放入毛肚，调入盐、胡椒粉、老抽、料酒拌匀，续煮至毛肚熟透入味，起锅盛入碗中，撒上葱花即可。

健康解密

牛肚具有补益脾胃、补气养血、补虚益精的作用，适合体质虚弱的人。

制作点睛：

选购毛肚时要注意，特别白的毛肚是用双氧水、甲醛泡制三四天才变成白色的。如果毛肚非常白，超过其应有的白色，而且体积肥大，应避免购买。毛肚在汆水的时候放点料酒可以除腥味。

韭菜花爆黄喉

爽口小菜 · 滑嫩清鲜

原料：黄喉、韭菜花各180克，红米椒少许

调料：盐、食用油、生抽、辣椒油、料酒各适量

做法

❶ 黄喉洗净，切条，加料酒腌渍；韭菜花洗净，切段；红米椒洗净，切圈。

❷ 锅中入油烧热，入红米椒炒出香味，放入黄喉爆炒片刻。

❸ 加入韭菜花同炒至熟，调入盐、生抽、辣椒油炒匀，起锅盛入盘中即可。

健康解密

这道菜中除了富含钙、磷、铁、蛋白质和维生素等多种营养物质外，还含有大量纤维，能增强胃肠的蠕动能力，加速排出肠道中过剩的营养及多余的脂肪。

制作点睛：

火候油温要掌握适宜，翻炒时动作要快。

香栗肉丸

五颜六色 · 美观美味

原料：牛肉丸200克，板栗、黑木耳、荷兰豆、红椒、姜片各适量

调料：食用油、盐、胡椒粉、生抽、白醋、高汤各适量

做法

❶ 牛肉丸洗净；板栗去壳、去皮、洗净；黑木耳泡发、洗净，撕成片；荷兰豆去老筋、洗净；红椒洗净，切片。

❷ 锅中入油烧热，入姜片爆香后捞除，注入适量高汤烧开。

❸ 加入牛肉丸、板栗烩煮约15分钟后，再入荷兰豆、黑木耳同煮至熟。

❹ 放入红椒稍煮，调入盐、胡椒粉、生抽、白醋拌匀，起锅盛入碗中即可。

健康解密

这道菜味道鲜美，营养丰富，含有蛋白质、碳水化合物、钙、磷、铁、胡萝卜素、硫胺素、核黄素、烟碱酸等成分，有益气、轻身强智、止血止痛、补血活血等功效。

制作点睛：

此菜所用原料均非常鲜美，烹调时不需要加味精。

回锅羊肉

温和滋补·香而不腻

原料：羊肉300克，洋葱50克，葱白、青红椒、姜、豆豉、大料、花椒各适量

调料：植物油20克，盐、料酒、生抽、辣椒油各适量

做法

❶ 羊肉洗净；洋葱洗净切片；葱白洗净，切段；青红椒均洗净，切片；姜去皮，洗净，切片；将大料、花椒用纱布包好，制成香料包。

❷ 锅置火上，注入适量清水，放入羊肉和香料包，以中火煮至八成熟（没有血水渗出），捞出，晾凉后切片。

❸ 锅中入油烧热，入豆豉、姜片、洋葱炒出香味后，加入羊肉、葱白、青红椒翻炒片刻，调入盐、料酒、生抽、辣椒油炒匀，起锅盛入盘中即可。

健康解密

羊肉是冬季进补和防寒的最佳食品。常吃羊肉，不仅可以增加人体热量，抵御寒冷，而且还能增加消化酶保护胃壁，修复胃黏膜，帮助脾胃消化，起到抗衰老的作用。

制作点睛：

这道菜中的羊肉最好用肋条肉，因为肋条肉有肥有瘦，而且有筋，吃起来香。此外，羊肉要凉水下锅煮。

土豆包菜羊肉

香辣咸鲜 · 营养好味

原料：羊肉200克，土豆、包菜、红甜椒、干红椒、姜各适量

调料：食用油、盐、老抽、白醋、辣椒油、料酒各适量

健康解密

羊肉营养丰富，对肺结核、气管炎、哮喘、贫血、产后气血两虚、腹部冷痛、体虚畏寒、营养不良、腰膝酸软以及一切虚寒病征均有很大裨益，具有补肾壮阳、补虚温中等作用。

做法

❶ 羊肉洗净，切片，加料酒腌渍；土豆去皮、洗净，切片，焯水后捞出；包菜洗净，撕成片；姜去皮、洗净，切小片；红甜椒洗净，切片；干红椒洗净，切小段。

❷ 锅置火上，入油烧热，入姜片、干红椒炒出香味，加入羊肉翻炒均匀。

❸ 放入土豆、包菜、红椒同炒片刻，调入盐、老抽、白醋、辣椒油炒匀，起锅盛入盘中即可。

制作点睛：

羊肉中有很多膜，切之前应先将其剔除，否则炒熟后肉膜硬，吃起来难以下咽。

萝卜焖羊排

香味浓郁·暖心暖胃

原料：羊排350克，白萝卜200克，八角、香叶、花椒、姜片、干红椒各适量

调料：食用油、盐、胡椒粉、料酒、老抽各适量

特别解说：

春夏吃羊肉太容易上火，秋冬吃既解馋又补养身体。尤其在寒冷的冬天，做上一锅萝卜焖羊排，吃完暖身驱寒。

做法

❶ 羊排洗净，剁成段，入沸水锅中汆去血水后捞出；白萝卜去皮、洗净，切块；八角、香叶、花椒、姜片、干红椒用纱布包好，制成香料包。

❷ 锅中入油烧热，放入羊排煎片刻，注入适量清水以大火烧开。

❸ 放入香料包，调入盐、胡椒粉、料酒、老抽拌匀，盖上锅盖，以小火焖煮15分钟。

❹ 加入白萝卜，续焖15分钟后，去除香料包，起锅盛入碗中即可。

爆炒羊肚

鲜辣飘香 · 下饭佳肴

原料：羊肚300克，洋葱、青椒、红椒、干红椒各适量

调料：食用油、盐、生抽、辣椒油、白醋、料酒各适量

健康解密

羊肚性味甘温，可补虚健胃，治虚劳不足、手足烦热、尿频多汗等症。此菜适宜胃气虚弱、反胃、不食以及盗汗之人食用。

做法

❶ 羊肚处理干净，放入加有料酒的沸水锅中汆水后捞出，切片；洋葱、青椒、红椒均洗净，切片；干红椒洗净，切小段。

❷ 锅中入油烧热，入干红椒爆香，再入羊肚爆炒片刻，加入洋葱、青椒、红椒同炒。

❸ 调入盐、生抽、辣椒油、白醋翻炒均匀，起锅盛入盘中即可。

制作点睛：

烹饪时要注意火候，应以大火快炒。

五香味

受大众欢迎度 ★★★★☆

泉水兔

成菜清爽·酸辣适中

原料：兔肉300克，莴笋、红椒、葱、花椒、野山椒各适量

调料：食用油、盐、胡椒粉、生抽、白醋、料酒各适量

做法

❶ 兔肉洗净，切小块；莴笋去皮、洗净，切条；红椒、葱均洗净，切段。

❷ 锅中入油烧热，入花椒、红椒爆香后，加入兔肉快速翻炒，烹入料酒炒匀。

❸ 注入适量矿泉水烧开，放入莴笋、野山椒、葱段同煮片刻，调入盐、胡椒粉、生抽、白醋拌匀，起锅盛入碗中即可。

特别解说：

清光绪二十九年（1903），慈禧太后挟光绪帝由西安返京时来保驻驾五日，当地官员争相献厨，准备御膳接风。当时的膳房公务交给了直隶省府，因准备时间仓促，其中易县籍的厨师急中生智，用一亩泉水按乡土去腥法配以祁州百草堂36味中草药将山兔做成菜。

膳宴中慈禧对全宴席中这道山野菜特感兴趣，唤厨师报菜名，厨师大惊，心想此菜源自山泉水炖制故回答：泉水兔。后来保定张家作坊为官内选派厨师时在御膳房见到此人，已成为御厨。

酸菜尖椒驴板肠

细腻香醇·独具风味

原料：驴板肠400克，青尖椒、红尖椒、野山椒、酸菜各适量

调料：食用油、盐、胡椒粉、白醋、生抽、料酒各适量

做法

1. 驴板肠处理干净，放入加有料酒的沸水锅中汆水后捞出，稍凉后切细条；青、红尖椒均洗净，切丝；野山椒、酸菜均切碎。
2. 锅中入油烧热，入青、红尖椒炒香，放入驴板肠快速翻炒。
3. 加入野山椒、酸菜同炒片刻，调入盐、胡椒粉、白醋、生抽炒匀，起锅盛入盘中即可。

健康解密

驴板肠中除蛋白质含量比较高，还含有脂肪、碳水化合物、维生素和矿物质等。中医理论认为，驴板肠味甘性凉，入脾、胃、大肠经，具有益气和中、生津润燥、清热解毒的功效，可用以治疗赤眼、消渴，解硫黄、烧酒毒等。

特别解说：

驴板肠就是驴大肠，是驴八珍之首，因其香烂可口、肥而不腻，故在民间有“能舍孩子娘，不舍驴板肠”之说，是一款著名的风味食材。

第四章 鸡鸭鹅

每到重要的传统节日，家家的餐桌上总会备有鸡、鸭、鹅等佳肴。从前，孩子们盼望的是过年，因为只有在这个时候才能吃上香飘四溢的鸡、鸭、鹅肉。站在厨房里看着父母亲切肉，望着肥硕的鸡腿，不禁流下口水。随着经济发展，人们的生活也有了翻天覆地的变化，以鸡、鸭、鹅为食材的美食不再只是属于节日，已经是餐桌上的家常便饭。各种蛋类做成的菜肴更是美味可口、营养丰富。

咸鲜味

受大众欢迎度 ★★★★★

香芋烧腊鸡

糯香可口 · 清淡美味

原料：腊鸡200克，香芋300克，西芹、红椒各少许，姜片、蒜粒、干辣椒、花椒各适量

调料：食用油、盐、白糖、料酒各适量

制作点睛：

烧制此菜时稍加一点鸡油，味道会更加鲜美。

搭配理由

腊鸡味道香浓，香芋糯软美味，两者搭配，口感特别，不用放太多其他调味料，就是一款很勾魂的美味！

做法

❶ 腊鸡洗净，剁成块；香芋去皮、洗净、切块；姜片、蒜粒、干辣椒、花椒用纱布包好，制成香料包；西芹洗净，切段；红椒洗净，切条。

❷ 锅内入油烧热，倒入鸡块、香芋翻炒，注入适量清水以大火烧开，放入香料包，调入盐、白糖、料酒，改用小火烧至香芋熟软时，捞除香料包，起锅盛入碗中。

❸ 以红椒、西芹装饰即可。

咸辣味

受大众欢迎度 ★★★★☆

生炒子姜文昌鸡

肉质滑嫩 · 肥而不腻

原料：文昌鸡 350 克，子姜、红椒、葱各适量

调料：食用油、盐、胡椒粉、生抽、料酒各适量

做法

❶ 文昌鸡处理干净，剁成小块，加料酒腌渍；子姜去皮、洗净，切条；红椒洗净，切条；葱洗净，切段。

❷ 锅中入油烧热，倒入鸡肉过油后盛出。

❸ 再热油锅，入子姜炒香，加入鸡肉翻炒 2 分钟，注入少许清水以大火烧开，再改用小火收干汤汁。

❹ 加入红椒、葱段不断翻炒，调入盐、胡椒粉、生抽炒匀，起锅盛入碗中即可。

健康解密

鸡肉中蛋白质的含量较高，种类多，而且消化率高，很容易被人体吸收利用，同时鸡肉还含有维生素C、维生素E等成分，有增强体力、强壮身体的作用。

新派韭花鸡

香味扑鼻 · 佐饭佳肴

原料：鸡腿肉 300 克，韭菜花、红尖椒各适量

调料：盐、食用油、胡椒粉、料酒、生抽各适量

做法

❶ 鸡腿肉洗净，切小丁，加盐、胡椒粉、料酒腌渍；韭菜花洗净，切碎；红尖椒洗净，切小段。

❷ 锅中入油烧热，入鸡腿肉炒至变色时，加入红尖椒同炒片刻。

❸ 调入生抽炒匀，加入韭菜花快速翻炒，淋入香油，起锅盛入盘中即可。

棒棒鸡

咸鲜香辣 · 色味皆具

原料：鸡肉400克，葱花、花生碎、熟白芝麻各适量

调料：盐、味精、白糖、辣椒油、花椒油、芝麻酱、辣椒酱、料酒、老抽、白醋、香油各适量

制作点睛：

成菜之前用小木棒轻轻敲打鸡肉，目的是要将其捶松，使其更易入味。

做法

❶ 鸡肉洗净，放入加有盐、料酒的沸水锅中煮熟后捞出晾凉，沥干水分，用小木棒轻捶鸡肉，再切条，盛入盘中。

❷ 将盐、味精、白糖、辣椒油、花椒油、芝麻酱、辣椒酱、料酒、老抽、白醋、香油调匀，淋在鸡肉上，撒上葱花、花生碎、熟白芝麻即可。

特别解说：

传说棒棒鸡发源于乐山地区。明清时，乐山曾称嘉定府，因而此菜全称“嘉定棒棒鸡”或“乐山棒棒鸡”。乐山棒棒鸡是用棒棒打出来的，目的是要把鸡的肌肉捶松。这样，调和佐料容易入味，咀嚼也更省力。

椒香田螺鸡

肉质细嫩 · 味道鲜美

原料：鸡翅、鸡腿各200克，田螺肉150克，豆芽菜、青椒、红椒、大料、山柰、花椒各适量

调料：食用油、盐、胡椒粉、白糖、老抽、鲜辣粉、料酒各适量

健康解密

田螺非但肉质细嫩、味道鲜美，还含有人体必需的多种氨基酸、无机盐、核黄素及其他多种维生素，具有清热、明目、利尿等功效。

做法

1. 鸡翅、鸡腿分别洗净，剁成块；田螺肉洗净；青、红椒均洗净，切段；大料、山柰用纱布包好，制成香料包。
2. 油锅烧热，倒入鸡肉翻炒至变色时，加入香料包、花椒翻炒均匀。
3. 烹入料酒炒匀，加入田螺肉翻炒。
4. 注入适量清水烧开，调入白糖、老抽、鲜辣粉拌匀。
5. 盖上锅盖，以小火焖烧30分钟，再加入少许盐、胡椒粉调味，放入青、红椒，起锅盛入以豆芽菜垫底的干锅中即可。

香酥鸡中翅

色泽金黄 · 皮酥肉嫩

原料：鸡中翅300克，薯条少许

调料：食用油、盐、胡椒粉、辣椒粉、料酒、白醋、老抽各适量

做法

❶ 鸡中翅洗净，在表面打上划痕，加盐、胡椒粉、辣椒粉、料酒、白醋、老抽腌渍入味。

❷ 锅中入油烧热，放入鸡中翅炸至金黄色至熟时捞出，沥油。

❸ 将鸡中翅和薯条一同摆入盘中即可。

健康解密

鸡翅有温中益气、补精添髓、强腰健胃等功效。另外，鸡翅中含有大量可强健血管及皮肤的弹性蛋白质，对于血管、皮肤及内脏颇具效果。

制作点睛：

鸡翅腌渍时间长更入味。

丝瓜鸡什

香脆味鲜 · 味美爽口

原料：鸡胗 200 克，丝瓜 150 克，姜少许

调料：盐、食用油、生抽、料酒各适量

制作点睛：

新鲜的鸡胗富有弹性和光泽，外表呈红色或紫红色，质地坚而厚实；不新鲜的鸡胗呈黑红色，无弹性和光泽，肉质松软，不宜购买。

做法

❶ 鸡胗洗净，切片，加料酒腌渍；丝瓜去皮、洗净，切条块；姜去皮、洗净，切片。

❷ 锅中入油烧热，入姜片爆香后捞除，倒入鸡胗翻炒片刻。

❸ 调入盐、生抽炒匀，加入丝瓜同炒至熟，起锅盛入盘中即可。

健康解密

这道菜中含有丰富的蛋白质、碳水化合物、粗纤维、钙、磷、铁、瓜氨酸以及核黄素等成分，有消食导滞、帮助消化的作用。

咸鲜味

受大众欢迎度 ★★★★☆

酸辣鸡杂

酸辣开胃 · 下饭下酒

原料：鸡胗300克，酸豆角、蒜薹、红尖椒、姜片各适量

调料：盐、食用油、味精、辣椒油、生抽、料酒、香油各适量

健康解密

鸡胗韧脆适中，口感好。《本草纲目》载，鸡胗具有“消食导滞”，帮助消化的作用。

做法

❶ 鸡胗洗净，切片，加盐、料酒腌渍；酸豆角、蒜薹、红尖椒均洗净，切小段。

❷ 锅中入油烧热，入姜片爆香后捞除，倒入鸡胗翻炒约2分钟。

❸ 加入酸豆角、蒜薹、红尖椒同炒，调入盐、辣椒油、生抽炒匀，以味精调味，淋入香油，起锅盛入盘中即可。

旺旺鸡杂

油亮红润 · 麻辣适中

原料：鸡胗、鸡肠各180克，红尖椒、野山椒、姜片、葱各适量

调料：食用油、盐、胡椒粉、花椒粉、老抽、白醋、料酒、豆瓣酱各适量

健康解密

鸡肠中含有利尿成分，能清除体内毒素和多余的水分，促进血液和水分新陈代谢，有利尿、消水肿的作用。

制作点睛：

清洗鸡肠时，用适量生粉搓揉容易去除异味。

做法

❶ 鸡胗洗净，打上花刀，切片；鸡肠洗净，切段；红尖椒洗净，切段；葱洗净，切葱花；鸡胗、鸡肠分别加料酒腌渍。

❷ 锅中入油烧热，入鸡胗、鸡肠过油后盛出。

❸ 再热油锅，入姜片爆香后捞除，入豆瓣酱炒出红油，注入适量清水烧开。

❹ 放入鸡胗、鸡肠、红尖椒、野山椒同煮片刻。

❺ 调入盐、胡椒粉、花椒粉、老抽、白醋拌匀，起锅盛入碗中，撒上葱花即可。

开胃鸡杂

酸辣咸香·十分开胃

原料：鸡胗150克，鸡肠100克，酸萝卜、蒜薹、红椒、姜各适量

调料：食用油、盐、生抽、白醋、老抽、料酒各适量

做法

❶ 鸡胗洗净，切片，加料酒腌渍；鸡肠处理干净，汆水后捞出，切段；蒜薹、红椒均洗净，切小段；酸萝卜切小丁；姜去皮、洗净，切片。

❷ 锅中入油烧热，入鸡胗、鸡肠快速翻炒后，加入姜片、红椒、蒜薹炒匀。

❸ 调入盐、生抽、白醋、老抽炒匀，加入酸萝卜同炒片刻，起锅盛入盘中即可。

酸辣味

受大众欢迎度 ★★★★☆

健康解密

鸡心、鸡肝、鸡肠和鸡胗等，鲜美可口，且有多样营养素。中医认为它们皆有助消化、和脾胃之功效。合而为汤，能健胃消食、润肤养肌。

风味鸭血

细腻嫩滑·补气补血

原料：鸭血300克，红尖椒、葱各适量

调料：盐、食用油、胡椒粉、辣椒油、老抽、红油、香油各适量

做法

❶ 鸭血稍洗后切成块，入沸水锅中汆水后捞出；红尖椒洗净，切圈；葱洗净，切葱花。

❷ 锅中入油烧热，入红尖椒炒香，注入适量高汤烧开，调入盐、胡椒粉、辣椒油、老抽、红油拌匀，放入鸭血煮至入味。

❸ 淋入香油，起锅盛入碗中，撒上葱花即可。

制作点睛：

选购鸭血的时候首先看颜色，真鸭血呈暗红色，而假鸭血则一般呈咖啡色。

香辣味

受大众欢迎度 ★★★★★

健康解密

鸭血中含有丰富的蛋白质及多种人体不能合成的氨基酸，所含的红细胞素含量也较高。

啤酒鸭

入口鲜香 · 佐酒佳肴

原料：鸭肉 350 克，魔芋 150 克，八角、花椒、姜片、干红椒、啤酒各适量

调料：食用油、盐、胡椒粉、白糖、豆瓣酱、辣椒油、老抽、料酒各适量

做法

1. 鸭肉洗净，剁成块，加料酒腌渍；魔芋洗净，切条块，放入沸水锅中焯水后捞出；八角、花椒、姜片、干红椒用纱布包好，制成香料包。
2. 锅中入油烧热，放入白糖炒至融化时，加入鸭肉翻炒均匀。
3. 待炒至鸭肉变白时，加入豆瓣酱继续翻炒。
4. 注入适量清水，放入香料包，盖上锅盖，以大火烧开，再改用中火续烧 10 分钟后，加入魔芋同煮。
5. 去除香料包，调入盐、胡椒粉、辣椒油、老抽、啤酒拌匀，以大火收浓汤汁即可。

特别解说：

传清朝时期康熙皇帝曾多次巡访江南。这年，一天上午，他忽然心血来潮，竟悄悄微服到现在临武县游玩起来。不料天公不作美竟下起雨来，康熙被淋得像个落汤鸡，万般无奈，只好跑到一家以鸭肉闻名的客栈，伙计把一大锅煮好的鸭肉端了上来，康熙顿时雅兴大起，加上当地醇香的米酒，酒醉之时，一不小心，把杯中的酒倒进沸腾鸭肉锅中，顿时奇香四溢。回宫后，康熙皇帝对此菜记忆犹新，特吩咐御厨为他做这道菜，经多年实践，采用了从埃及进贡的啤酒和多种名贵中草药做原料。从那以后啤酒鸭又从皇宫传到了民间，成为了一道美味佳肴特色啤酒鸭。

田螺毛血旺

麻辣鲜香 · 汁浓味足

原料：牛百叶、黄喉各100克，鸭血、火腿各80克，田螺肉、豆芽、干红椒、花椒、熟白芝麻各适量

调料：食用油、盐、花椒粉、料酒、白醋、老抽、辣椒油、红油、郫县豆瓣、高汤各适量

特别解说：

重庆沙坪坝有一古镇，名磁器口。70年前，磁器口古镇水码头有一胖大嫂当街支起卖杂碎汤的小摊，用猪头肉、猪骨加豌豆熬成汤，加入猪肺叶、肥肠，放入老姜、花椒、料酒用小火煨制，味道特别好。在一个偶然机会，胖大嫂在杂碎汤里直接放入鲜生猪血旺，发现血旺越煮越嫩，味道更鲜。因这道菜是将生血旺现烫现吃，遂取名毛血旺。

做法

1. 牛百叶处理干净，切丝；黄喉治净，切片；火腿洗净，切片；鸭血稍洗，切块；田螺肉洗净；豆芽洗净，入沸水锅中焯水后捞出，盛入碗中；干红椒洗净，切段；郫县豆瓣剁细。
2. 将牛百叶、黄喉、鸭血分别放入沸水锅中汆水后捞出。
3. 锅置火上，入油烧热，入花椒、郫县豆瓣、干红椒爆香，加入田螺肉稍炒，注入适量高汤以大火烧开。
4. 放入牛百叶、黄喉、火腿、鸭血，调入盐、花椒粉、料酒、白醋、老抽、辣椒油、红油拌匀，改用小火煮至入味后，起锅盛于豆芽上，撒上熟白芝麻即可。

麻辣味

受大众欢迎度 ★★★★★

青椒煎蛋

色泽金黄 · 诱人食欲

原料：鸡蛋3个，青、红椒各适量

调料：食用油、盐、胡椒粉各少许

做法

1. 青、红椒均洗净，切碎。
2. 鸡蛋磕入碗中，搅拌成蛋液，加入青、红椒碎及盐、胡椒粉拌匀。
3. 油锅烧热，倒入蛋液摊成蛋饼，以小火稍煎后，翻面续煎片刻。
4. 将煎好的蛋饼分切成块，摆入盘中即可。

健康解密

鸡蛋中所含的蛋白质对肝脏组织损伤有修复作用，蛋黄中的卵磷脂可促进肝细胞的再生，还可提高人体血浆蛋白量。

制作点睛：

最好使用平底锅来烹饪此菜。另外，蛋饼不要摊太厚，以免外面煳了里面还不熟。

素椒炒鸡蛋

色彩丰富 · 鲜香可口

原料：鸡蛋3个，青、红椒各适量

调料：食用油、盐适量

做法

1. 鸡蛋磕入碗中，加盐搅散成蛋液；青、红椒均洗净，切条。
2. 油锅烧热，倒入蛋液炒至凝固时盛出。
3. 再热油锅，入青、红椒翻炒片刻，调入盐炒匀，再加入鸡蛋翻炒均匀，起锅盛入盘中即可。

搭配理由

鸡蛋中含有优质蛋白，其钙含量也较高，而辣椒中富含维生素C，将二者搭配成菜，不但色泽美观，还能提高人体对钙的吸收率。

制作点睛：

火候要把握好，以免将鸡蛋炒焦了。鸡蛋要炒得稍干一些才好吃。

水产

自秦汉以来，鱼、虾、蟹、鱿鱼、鲍鱼等水产一直被历代宫廷、官府和民间宴席视为佳品，它们肉质细嫩，滋味鲜美，不仅有丰富的营养，而且具有滋补身体、食疗养护的功效，因而历来受到人们的喜爱和推崇，特别是随着人们生活水平的日益提高，水产类越来越受到人们重视。

咸鲜味

受大众欢迎度 ★★★★★

鱼米之乡

淡雅精致 · 清香宜人

原料： 鱼肉150克，胡萝卜、莴笋、嫩玉米粒、淀粉各适量

调料： 食用油、盐、味精、胡椒粉、料酒、香油各适量

做法

❶ 鱼肉洗净，切小丁，加盐、胡椒粉、料酒、水淀粉腌渍；胡萝卜、莴笋均去皮、洗净，切小丁；嫩玉米粒洗净。

❷ 将胡萝卜、莴笋、嫩玉米粒分别焯水后捞出，沥干水分。

❸ 锅中入油烧热，入鱼肉滑至变色时，加入胡萝卜、莴笋、嫩玉米粒翻炒均匀。

❹ 调入盐、味精炒匀，淋入香油，起锅盛入盘中即可。

健康解密

这道菜中含有蛋白质、维生素、无机盐、叶酸、铁、钙、磷等物质，有滋补健胃、利水消肿、通乳、清热解毒、止嗽下气的功效，对各种水肿、浮肿、腹胀、少尿、黄疸、乳汁不通皆有一定作用。

制作点睛：

烹调此菜时，要注意刀工，鱼肉和蔬菜切丁的大小要均匀。最好选择无刺的鱼肉，处理起来很方便。此菜还可以用虾仁来做，操作方法一样，把虾仁切成小丁即可。

鲮鱼炒苦瓜

清爽不腻 · 开胃降火

原料：豆豉鲮鱼罐头1罐，苦瓜150克，胡萝卜50克

调料：食用油、盐、香油各适量

制作点睛：

放适量盐腌苦瓜，一是让苦味减轻，二是苦瓜更容易熟。苦瓜经过腌渍已经有了盐味，鲮鱼本身也够咸，所以炒的时候不需要再加盐。还可在最后加点白糖，能中和苦味。

做法

❶ 豆豉鲮鱼罐头打开，取鲮鱼切块，豆豉备用；苦瓜去子、洗净，切片，加少许盐腌渍；胡萝卜去皮、洗净，切片，焯水后捞出。

❷ 油锅烧热，入豆豉炒出香味后，加入苦瓜、胡萝卜同炒片刻。

❸ 最后放入鲮鱼快速翻炒，淋入香油，起锅盛入盘中即可。

搭配理由

鲮鱼香酥软韧，豉香味浓郁，但因为泡在油里保鲜，所以油比较大。鲮鱼跟苦瓜同炒成菜，既可很好地中和苦瓜的苦，又可以稀释鲮鱼的油，特别清爽。

受大众欢迎度 ★★★★☆

咸鲜味

丝瓜木耳鱼片

颜色淡雅·鲜美无比

原料：鱼肉250克，丝瓜、黑木耳、姜、红椒、葱各适量

调料：食用油、盐、胡椒粉、生抽、料酒、香油各适量

制作点睛：

烹制此菜时应注意尽量保持清淡，油要少用。整道菜味道清甜，烹煮时不宜加老抽和豆瓣酱等口味较重的酱料，以免抢味。

做法

1. 鱼肉洗净，切片，加盐、料酒腌渍；丝瓜去皮、洗净，切块；黑木耳泡发、洗净，撕成片；姜去皮、洗净，切丝；红椒、葱均洗净，切丝。
2. 锅中入油烧热，放入姜丝、黑木耳、丝瓜稍炒，注入适量清水以大火烧开。
3. 调入盐、胡椒粉、生抽拌匀，加入鱼片烫至熟时，淋入香油，起锅盛入碗中，撒上红椒丝、葱丝即可。

搭配理由

鱼肉的味道鲜美，搭配丝瓜和黑木耳，营养丰富。成菜中铁的含量极为丰富，能养血驻颜，令人肌肤红润，容光焕发，并可防治缺铁性贫血。

咸鲜味

受大众欢迎度 ★★★★☆

豉香带鱼

酱红光亮 · 咸中带甜

原料：带鱼 350 克，豆豉、淀粉各适量

调料：食用油、盐、白糖、白酒、老抽、白醋、料酒各适量

做法

❶ 带鱼洗净，切段，加盐、白酒腌渍约 10 分钟后，再沾上一层薄薄的淀粉；豆豉剁细。

❷ 锅中入油烧热，放入带鱼煎至两面均呈金黄色时盛出。

❸ 锅中留油烧热，入豆豉煸香，注入适量清水烧开，调入白糖、老抽、白醋、料酒拌匀。

❹ 放入煎好的带鱼以小火烧约 30 分钟，再以大火收干汤汁，起锅盛入盘中即可。

健康解密

带鱼中的脂肪含量高于一般鱼类，且多为不饱和脂肪酸，这种脂肪酸的碳链较长，具有降低胆固醇的作用。此外，带鱼还含有丰富的镁元素，对心血管系统有很好的保护作用，有利于预防高血压、心肌梗死等心血管疾病。常吃带鱼还有养肝补血、泽肤健美的功效。

制作点睛：

豆豉、老抽均带咸味，腌鱼的时候也加有盐，所以在烧制时就不要再加盐了。

家乡口味鱼

滋补开胃·嫩而不腻

原料：鮸鱼300克，青椒、红椒、芹菜、淀粉各适量

调料：盐、胡椒粉、食用油、生抽、白醋、料酒各适量

做法

❶ 鮸鱼处理干净，切块，加盐、胡椒粉、料酒、白醋、水淀粉腌渍；青、红椒均洗净，切圈；芹菜洗净，切段。

❷ 锅中入油烧热，入鱼块炸至金黄色时盛出。

❸ 再热油锅，入青椒、红椒、芹菜炒香，注入少许清水烧开，调入盐、生抽拌匀。

❹ 倒入炸过的鱼块烧煮片刻，待汤汁浓稠时，起锅盛入盘中即可。

健康解密

鮸鱼肉质细嫩，骨刺少，营养丰富。当中含有丰富的不饱和脂肪酸，对血液循环有利，是心血管病人的良好食物。

制作点睛：

鮸鱼要新鲜，煮时火候不能太大，以免把鱼肉煮散。

家乡糍粑鱼

外酥里嫩 · 香气扑鼻

原料：鱼肉 350 克，姜片、葱段、干红椒、花椒各适量

调料：食用油、盐、胡椒粉、料酒各适量

做法

❶ 鱼肉洗净，切块，加盐、胡椒粉、料酒、姜片、葱段腌渍入味后取出、晾干；干红椒洗净，切段。

❷ 锅置火上，入油烧热，入干红椒、花椒爆香，下入鱼块煎至金黄色至熟时，起锅盛入盘中，放上葱段即可。

搭配理由

鱼是酸性食物，辣椒是碱性食物，酸性食物如果吃得太多会导致疲劳，搭配碱性食物可以起到协调的作用。再者，鱼有腥味，配上辣椒可以去腥增鲜，刺激口腔黏膜，促进唾液分泌，引起胃的蠕动，增强食欲，促进消化。

制作点睛：

选用鲤鱼做糍粑鱼最佳。鱼块要腌透、晾干。鱼块下锅煎时，要注意火候，煎的时间不要太长。

铁板面鳝鱼

鲜香微辣 · 独具一格

原料：鳝鱼350克，面饼1个，青椒、红椒、姜末、蒜末各适量

调料：食用油、盐、胡椒粉、花椒粉、绍酒、老抽、辣椒油各适量

搭配理由

青椒含有多种维生素，有缓解疲劳、增强机体免疫力的作用。鳝鱼味甘、性温，有补中益血、除湿益气之功效，而且，鳝鱼中还含有不饱和脂肪酸DHA和卵磷脂，极易被人体吸收，并有利于大脑的发育。将鳝鱼和青椒同时食用，对糖尿病患者能起到很好的降血糖作用。

做法

❶ 鳝鱼处理干净，切段，加绍酒腌渍；青、红椒均洗净，切圈；面饼放入沸水锅中煮软后捞出。

❷ 锅内入油烧热，放入鳝鱼过油后盛出。

❸ 锅中留油烧热，入蒜末、姜末、青椒、红椒炝锅，加入鳝鱼，调入盐、胡椒粉、花椒粉、绍酒、老抽、辣椒油炒匀，再加入面条翻炒均匀，待用。

❹ 铁板上刷一层油烧热，倒入炒好的面条鳝鱼即可。

制作点睛：

鳝鱼最好在宰杀后即刻烹煮食用，因为鳝鱼死后容易产生组胺，易引发中毒现象，不利于人体健康。

香辣味

受大众欢迎度 ★★★★☆

香芹腰果炒河鱼干仔

酥脆鲜香·家常美食

原料：干鱼仔50克，香芹100克，胡萝卜、腰果各适量

调料：盐、胡椒粉、食用油、白醋、辣椒油、香油各适量

健康解密

这道菜中含有较多的黄酮类化合物，具有降血压、降血脂、降血糖、保护心血管和增强机体免疫力的功能，对于动脉血管粥样硬化、神经衰弱亦有辅助治疗的作用。

做法

1. 干鱼仔洗净；胡萝卜去皮、洗净，切片，焯水后捞出；香芹洗净，切段。
2. 锅中入油烧热，入干鱼仔稍炒后，加入胡萝卜、香芹、腰果翻炒均匀。
3. 调入盐、胡椒粉、白醋、辣椒油炒匀，淋入香油，起锅盛入盘中即可。

制作点睛：

腰果稍炒即可，也可用熟腰果来烹调。

云吞鲈鱼

鱼肉细嫩 · 颇具创意

原料：鲈鱼400克，圣女果1颗，云吞、葱、红椒、姜片各少许

调料：食用油、盐、胡椒粉、料酒、生抽、白醋、辣椒油、高汤各适量

做法

❶ 鲈鱼处理干净，留鱼头和鱼尾，鱼肉切片，加盐、胡椒粉、料酒腌渍；葱、红椒均洗净，切丝。

❷ 锅内入油烧热，入姜片爆香后捞除，放入鱼头、鱼尾稍煎后，注入适量高汤以大火烧开，调入盐、生抽、白醋、辣椒油拌匀。

❸ 放入云吞同煮至熟，再加入鱼片汆熟，以大火收汁，起锅盛入盘中，并将鲈鱼摆成原形，撒上葱丝、红椒丝，在鱼嘴内放上圣女果即可。

健康解密

这道菜可治胎动不安、乳汁不足等症，生产妇女和准妈妈吃鲈鱼是一种既补身，又不会造成营养过剩而导致肥胖的营养食物，是健身补血、健脾益气、益体安康的佳品。

制作点睛：

鲈鱼一般使用低温保鲜法，如果一次吃不完，可以去除内脏，清洗干净，擦干水分，用保鲜膜包好，放入冰箱冷冻保存。

秘制鲈鱼

鱼肉鲜嫩 · 清香美味

原料：鲈鱼400克，火腿、青椒、红椒、葱、姜片各适量

调料：食用油、盐、胡椒粉、生抽、料酒、海鲜酱各适量

制作点睛：

选购鲈鱼时，以鱼身偏青色、鱼鳞有光泽、透亮为好。为了保证鲈鱼的肉质洁白，宰杀时应把鲈鱼的鳃夹骨斩断，倒吊放血。

健康解密

鲈鱼富含蛋白质、维生素A、B族维生素、钙、镁、锌、硒等营养元素，具有补肝肾、益脾胃、化痰止咳之效，对肝肾不足的人有很好的补益作用。

做法

1. 鲈鱼处理干净，加盐、料酒腌渍；火腿、青椒、红椒均洗净，切细条；葱洗净，切段。
2. 油锅烧热，放入鲈鱼煎至两面金黄时盛出。
3. 再热油锅，入姜片爆香后捞除，再入青、红椒翻炒，注入适量清水烧开。
4. 调入盐、胡椒粉、生抽、海鲜酱拌匀，放入煎好的鲈鱼，用勺子将汤汁淋到鱼身上，加入火腿稍煮，待用。
5. 平底锅铺上锡纸，将鲈鱼和汤汁一同倒入，加入葱段，将锡纸收口，再置火上加热片刻，听到锡纸里有“滋滋”的声音，表面有热气冒出即可。

咸辣味

受大众欢迎度 ★★★★★

家常鲫鱼

肉质细嫩 · 家常美食

原料：鲫鱼 400 克，泡椒、姜、大蒜、葱、淀粉各适量

调料：食用油、盐、味精、胡椒粉、白糖、老抽、料酒、香醋、豆瓣酱各适量

搭配理由

鱼肉中含有大量矿物质，如锌、铁、铜、碘、硒，其混合物有天然抗炎和降低胆固醇的作用。在做鱼的时候加入蒜比单独食用鱼降低胆固醇的功效更大，因为蒜可以阻止低密度胆固醇的增加，还可以去腥，使成菜味道更鲜美。

做法

❶ 鲫鱼处理干净，在鱼身两面均打上划痕，加盐、胡椒粉、料酒腌渍；泡椒切碎；姜、大蒜均去皮、洗净，切末；葱洗净，切葱花。

❷ 锅中入油烧热，放入鲫鱼煎至两面微黄后盛出。

❸ 再热油锅，入豆瓣酱、泡椒末、姜末、蒜末炒香，注入适量清水烧开，调入白糖、老抽拌匀。

❹ 放入煎好的鲫鱼，烹入料酒，以小火将其烧熟至入味。

❺ 将烧好的鲫鱼盛出装入盘中。

❻ 在烧鱼的汤汁中调入味精、香醋，并加入葱花搅匀，以水淀粉勾芡，起锅浇在鲫鱼上即可。

村姑鲫鱼

口感醇厚·肉鲜味鲜

原料：鲫鱼400克，韭菜、红椒、姜片各适量

调料：食用油、盐、胡椒粉、料酒、老抽、蚝油、辣椒油各适量

做法

❶ 鲫鱼处理干净，在鱼身两面均打上划痕，加盐、料酒腌渍；韭菜、红椒均洗净，切碎。

❷ 锅置火上，入油烧热，入姜片爆香后捞除，放入鲫鱼稍炸后，翻面，续炸片刻。

❸ 注入适量清水以大火烧开，调入盐、胡椒粉、老抽、辣椒油、蚝油，以小火烧至鲫鱼入味。

❹ 加入韭菜、红椒碎，待汤汁浓稠，起锅盛入盘中即可。

健康解密

鲫鱼中所含的蛋白质质优、齐全、易于消化吸收，是肝肾疾病、心脑血管疾病患者的良好蛋白质来源，常食可增强抗病能力，肝炎、肾炎、高血压、心脏病、慢性支气管炎等疾病患者可经常食用。

制作点睛：

新鲜鲫鱼眼睛略凸，眼球黑白分明，不新鲜的则眼睛凹陷，眼球浑浊。另外，身体扁平、色泽偏白的，肉质比较鲜嫩，而体型过大，颜色发黑的不宜买。

酸甜味

受大众欢迎度 ★★★★★

家乡焖黄花鱼

口味纯正 · 营养美味

原料：黄花鱼400克，番茄、红椒、葱、大蒜、姜各适量

调料：食用油、盐、胡椒粉、料酒、甜面酱、白醋、生抽各适量

制作点睛：

黄花鱼的头皮很薄，内有腥味很大的黏液，因此，烧黄鱼前，揭去头皮，洗净黏液，可防止异味。

健康解密

黄花鱼含有丰富的蛋白质、微量元素和维生素，对人体有很好的补益作用，对体质虚弱和中老年人来说，食用黄鱼会收到很好的食疗效果。

做法

❶ 黄花鱼处理干净，在鱼身两面均打上划痕，加盐、胡椒粉、料酒腌渍；红椒、葱均洗净，切丝；番茄洗净，切小丁；大蒜、姜均去皮、洗净，切末。

❷ 油锅烧热，放入黄花鱼煎至两面均呈金黄色时盛出。

❸ 再热油锅，入姜末、蒜末炒香，加入甜面酱翻炒均匀，放入煎好的黄花鱼，注入适量清水烧开。

❹ 加入番茄丁、红椒丝，调入盐、白醋、生抽，盖上锅盖，以小火焖煮片刻。

❺ 最后以大火收汁，出锅盛入盘中，撒上葱丝即可。

银杏百合虾仁

多彩鲜美·清香宜人

原料：虾仁100克，银杏、鲜百合、西芹、胡萝卜各适量

调料：食用油、盐、料酒、香油各适量

做法

❶ 虾仁洗净，加料酒腌渍；银杏去皮、洗净，放入沸水锅中焯水后捞出；鲜百合掰成片、洗净；西芹洗净，切段；胡萝卜去皮、洗净，切片。

❷ 锅中入油烧热，入虾仁过油后盛出。

❸ 再热油锅，入银杏、胡萝卜翻炒均匀，加入西芹、百合翻炒片刻。

❹ 调入盐、香油炒匀，再入虾仁稍炒后，起锅盛入盘中即可。

特别解说：

虾仁解冻方法：市场上出售的虾仁，大多是速冻制品。因此，解冻方法是否科学，将直接影响虾仁的新鲜度。在日常生活中，人们为快速解冻，有的用热水泡，有的是放在自来水龙头下快速冲洗。实践证明，这些解冻效果都不理想。正确的方法是在常温下慢慢解冻虾仁，或者放在慢慢流动的自来水中解冻。如果时间紧，可以用微波炉解冻，效果也不错。

制作点睛：

购买冻虾仁时要认真挑选。新鲜和质量上乘的冻虾仁应是无色透明、手感饱满并富有弹性，而那些看上去个大、色红的则应谨慎选择。

碧海龙舟

别致美观 · 清香营养

原料：虾250克，五花肉、黄瓜、姜末各适量

调料：盐、胡椒粉、生抽、料酒各适量

制作点睛：

买虾的时候，要挑选虾体完整、外壳清晰鲜明、肌肉紧实、身体有弹性的。而肉质疏松、颜色泛红、闻之有腥味的，则是不够新鲜的虾，不宜食用。

做法

1. 虾处理干净，加盐、料酒、生抽腌渍；五花肉洗净，剁成肉末，加盐、胡椒粉、生抽、姜末拌匀。
2. 黄瓜去皮、洗净，切段，中间挖空，分别塞入肉末与虾。
3. 将备好的材料入锅蒸约10分钟即可。

健康解密

这道菜中含有丰富的镁，镁对心脏活动具有重要的调节作用，能很好地保护心血管系统，减少血液中胆固醇含量，防止动脉硬化，同时还能扩张冠状动脉，有利于预防高血压及心肌梗死。

咸鲜味

受大众欢迎度 ★★★★☆

鲜虾娃娃菜

色泽明艳·椒香过瘾

原料：虾100克，娃娃菜150克，花椒、枸杞各少许

调料：食用油、高汤、盐、胡椒粉、生抽、料酒、香油各适量

搭配理由

虾仁高蛋白、低脂肪，钙、磷含量也很高，娃娃菜具有较高的营养价值，常吃娃娃菜可预防便秘、痔疮及结肠癌等。娃娃菜还含有丰富的维生素C，可有效地防治牙龈出血及坏血症。将二者搭配能更好地起到解热除燥的功效。

做法

1. 虾处理干净，加料酒腌渍；娃娃菜洗净，切条块，焯水后捞出；枸杞泡发、洗净。
2. 锅中入油烧热，入花椒爆香，加入虾快速翻炒至变色，再放入娃娃菜炒匀。
3. 注入少许高汤烧开，放入枸杞，调入盐、胡椒粉、生抽拌匀，淋入香油，起锅盛入碗中即可。

制作点睛：

虾背上的虾线，也就是虾的肠道，难免会有一些细菌，且有泥腥味，影响食欲，应除掉。

咸鲜味

受大众欢迎度 ★★★★★

滑蛋炒虾仁

口感爽滑 · 味道鲜美

原料：虾仁 200 克，鸡蛋 3 个

调料：食用油、盐、胡椒粉、料酒各适量

制作点睛：

宜选用鲜虾来制此菜。鲜虾买回来放入冰箱速冻室冻40分钟左右，取出后很易剥壳。蛋液中加少许油可使鸡蛋更嫩滑。

做法

❶ 虾处理干净，加盐、胡椒粉、料酒腌渍；鸡蛋磕入碗中，加少许盐和油搅拌均匀。

❷ 锅中入油烧热，入虾仁炒至变色时盛出。

❸ 再热油锅，倒入蛋液，待其凝固时，加入虾仁翻炒均匀，起锅盛入盘中即可。

健康解密

这道菜营养丰富，富含蛋白质、维生素、钙、镁等成分，且成菜松软，易消化，对身体虚弱以及病后需要调养的人是极好的食物。

泰汁焗大虾

色泽红亮 · 外酥里嫩

原料：大虾300克，葱丝、姜丝、红椒丝、淀粉、面包糠各少许

调料：食用油、盐、胡椒粉、料酒、泰式甜辣酱各适量

做法

❶ 大虾处理干净，加盐、胡椒粉、料酒、水淀粉腌渍，再均匀裹上一层面包糠。

❷ 锅中入油烧热，放入大虾炸熟后捞出，沥油，盛入盘中，淋上泰式甜辣酱，放上葱丝、姜丝、红椒丝即可。

制作点睛：

炸虾时，火力不要过大，以免炸煳影响成菜色泽。

健康解密

虾性偏温热，凡阳道亢盛或阴虚有热者忌用。对虾过敏和皮肤出疹者忌用。另外，虾中含有丰富的蛋白质和钙等营养物质，如果将其与含有鞣酸的水果，如葡萄、石榴、山楂、柿子等同食，不仅会降低蛋白质的营养价值，而且鞣酸和钙离子结合会形成不溶性结合物刺激肠胃，引起人体不适，出现呕吐、头晕、恶心和腹痛腹泻等症状。虾与这些水果同吃至少应间隔2小时。此外，生长于污染的农田、水渠中的虾，不宜食用。

田螺香辣蟹

色泽艳丽 · 味鲜可口

原料：蟹300克，田螺肉80克，干红椒、花椒、葱、熟白芝麻各适量

调料：食用油、盐、料酒、香油各适量

做法

❶ 蟹治净，剁成块，加盐腌渍；田螺肉洗净；干红椒洗净，切小段；葱洗净，切段。

❷ 锅内入油烧热，放入蟹块炒至变硬变红后捞出。

❸ 再热油锅，入干红椒、花椒煸香，加入田螺肉翻炒均匀。

❹ 烹入料酒，倒入蟹块同炒片刻，入葱段稍炒，淋入香油，起锅盛入盘中，撒上熟白芝麻即可。

健康解密

螃蟹不仅味道鲜，而且营养丰富。中医认为，螃蟹有清热解毒、益肾填髓、补血养筋之功。对于肝虚血亏、肾虚骨软、跌打损伤有食疗的作用。

制作点睛：

蟹一定要充分洗净烧熟，以免感染肺吸虫病。

西蓝花鲜鱿

绿白相间 · 鲜嫩爽脆

原料：鲜鱿鱼200克，西蓝花300克，红甜椒少许

调料：食用油、盐、胡椒粉、料酒各适量

做法

❶ 鲜鱿鱼洗净，打上花刀，切块，加盐、胡椒粉、料酒腌渍；西蓝花洗净，掰成小朵；红甜椒洗净，切丝。

❷ 将西蓝花放入加有油和盐的沸水锅中焯熟后捞出，盛入盘中。

❸ 油锅烧热，入鲜鱿鱼爆炒至熟后，起锅盛于西蓝花上，放上红甜椒丝即可。

健康解密

这道菜不仅味道鲜美，营养价值更是丰富。鲜鱿鱼脂肪含量极低，对怕胖的人来说，是最好不过的选择；而西蓝花含钙量较高，并且富含B族维生素。二者一同下菜，有防止骨质疏松、补充脑力、预防老年性痴呆的作用。

制作点睛：

处理鱿鱼时，需先把鱿鱼的头剪下来，因为鱿鱼的眼睛里含有一种棕黑色的液体，稍有不慎这种液体就四处乱溅。

小炒皇

口感鲜美 · 韭香四溢

原料：鲜鱿鱼、虾仁各150克，韭菜花、腰果、红椒、姜片各适量

调料：食用油、盐、味精、胡椒粉、生抽、白醋、料酒、辣椒油、香油各适量

制作点睛：

此菜中的食材易熟，不要过分地煸炒，以免成菜口感欠佳。

健康解密

这道菜中含有丰富的优质蛋白质与维生素，其营养丰富且易消化，对身体虚弱以及病后需要调养的人是极好的食补之品。

做法

1. 鲜鱿鱼洗净，切条，加料酒腌渍；虾仁洗净，加料酒腌渍；红椒洗净，切条；韭菜花洗净，切段。
2. 锅中入油烧热，入姜片爆香后捞除，倒入鱿鱼、虾仁滑炒片刻。
3. 调入盐、胡椒粉、生抽、白醋、辣椒油炒匀，加入腰果、韭菜花、红椒翻炒均匀。
4. 以味精调味，淋入香油，起锅盛入盘中即可。

荷兰豆炒双鱿

香飘四溢 · 一吃难忘

原料：鲜鱿鱼150克，干鱿鱼、荷兰豆、红椒、姜片、葱段各适量

调料：食用油、盐、胡椒粉、料酒、生抽、辣椒油各适量

做法

❶ 干鱿鱼泡软洗净，去除内膜，切条；鲜鱿鱼处理干净，打上花刀；荷兰豆去老筋、洗净；红椒洗净，切丝。

❷ 将两种鱿鱼分别放入沸水锅中稍烫后捞出，沥干水分。

❸ 油锅烧热，入姜片、葱段爆香后捞除，放入鱿鱼快速翻炒。

❹ 加入荷兰豆、红椒同炒片刻，调入盐、胡椒粉、料酒、生抽、辣椒油炒匀，起锅盛入盘中即可。

健康解密

鱿鱼中含有丰富的钙、磷、铁等营养元素，特别有利于骨骼发育和造血，可有效治疗贫血。此外，鱿鱼除富含蛋白质、氨基酸外，还含有大量的牛黄酸，这种元素可抑制血液中的胆固醇含量，具有缓解疲劳、恢复视力、改善肝脏功能等食疗效果。

制作点睛：

优质鱿鱼体形完整坚实，呈粉红色，有光泽，体表面略现白霜，肉肥厚，半透明，背部不红；劣质鱿鱼体形瘦小残缺，颜色赤黄略带黑，无光泽，表面白霜过厚，背部呈黑红色或霉红色。

受大众欢迎度 ★★★★☆

咸辣味

番茄煮鲍鱼仔

口感鲜爽 · 生津开胃

原料： 鲍鱼仔250克，番茄100克，草菇、姜、葱各适量

调料： 食用油、盐、胡椒粉、鲍鱼汁、番茄酱各适量

健康解密

鲍鱼营养价值极高，含有丰富的蛋白质，还有较多的钙、铁、碘和维生素A等营养元素。此外，鲍鱼的肉中还含有一种被称为“鲍素”的成分，是能够破坏癌细胞必需的代谢物质。

做法

❶ 鲍鱼仔去壳、处理干净，打上花刀，放入沸水锅中焯水后捞出；番茄洗净，切块；草菇洗净，对切，焯水后捞出；姜去皮、洗净，切片；葱洗净，切段。

❷ 油锅烧热，入姜片爆香，注入适量清水烧开，放入番茄、草菇煮片刻。

❸ 调入盐、胡椒粉、鲍鱼汁、番茄酱拌匀，加入鲍鱼仔、葱段同煮片刻，起锅盛入碗中即可。

制作点睛：

新鲜鲍鱼需尽快食用，不宜久存。

豉汁炒花甲

肉味鲜美 · 香辣适口

原料：蛤蜊300克，豆豉、洋葱、青椒、红椒、葱各适量

调料：食用油、盐、白糖、生抽、白醋各适量

做法

1. 蛤蜊处理干净，放入沸水锅中烫至开口时捞出，再用冷水冲洗一遍；洋葱洗净，切丝；红椒洗净，切圈；青椒洗净，切片；葱洗净，切段。
2. 将盐、白糖、生抽、白醋调匀成味汁待用。
3. 锅中入油烧热，入豆豉炒香，加入蛤蜊爆炒一下，再入洋葱、青椒、红椒翻炒均匀。
4. 倒入味汁，加入葱段炒匀，起锅盛入盘中即可。

制作点睛：

蛤蜊买回家后，要用清水反复清洗几遍，然后再用淡盐水浸泡让其吐尽泥沙。烫蛤蜊时，在其开口时即捞出，否则烫久了肉质会变老且会离壳。

健康解密

蛤蜊中含有蛋白质、脂肪、碳水化合物、铁、钙、磷、碘、维生素、氨基酸和牛磺酸等多种成分，具有低热能、高蛋白、少脂肪的特点，有滋阴润燥、利尿消肿、软坚散结的作用，能防治中老年人慢性病，是物美价廉的海产品。

咸鲜味

受大众欢迎度 ★★★★★

酸辣海蜇

色泽黄亮 · 清脆爽口

原料：海蜇 200 克，葱少许

调料：盐、胡椒粉、料酒、生抽、辣椒油、香油各适量

做法

❶ 海蜇用清水泡透后，洗净泥沙，切丝；葱洗净，切葱花。

❷ 将海蜇放入沸水锅中稍烫后，用凉开水过凉，捞出。

❸ 将海蜇盛入盘中，加盐、胡椒粉、料酒、生抽、辣椒油、香油拌匀，撒上葱花即可。

健康解密

海蜇的营养极为丰富，含蛋白质、碳水化合物、钙、碘以及多种维生素，有清热解毒、化痰软坚、降压消肿之功。经常食用海蜇有助于降血压，预防动脉硬化，治疗气管炎、哮喘、胃溃疡、风湿性关节炎，防治肿瘤。

制作点睛：

海蜇用沸水烫制时，水温不宜过高，因为水温越高，海蜇收缩越大、排水越多导致质地变老韧。

双椒炒田鸡

肉质细嫩 · 辣得过瘾

原料：田鸡350克，青椒、红椒、香菜、淀粉各适量

调料：食用油、盐、胡椒粉、生抽、蚝油、料酒、香油各适量

做法

1. 田鸡处理干净，加盐、胡椒粉、生抽、蚝油、料酒、水淀粉腌渍；青、红椒均洗净，切圈；香菜洗净，切段。
2. 锅中入油烧热，放入田鸡炸至变色时盛出。
3. 锅中留油烧热，入青、红椒炒香，倒入田鸡同炒片刻。
4. 入香菜稍炒，淋入香油，起锅盛入盘中即可。

健康解密

田鸡中含有丰富的蛋白质、钙和磷，对促进青少年的生长发育和预防更年期骨质疏松都十分有益。

健康解密

这道菜中含有锌、硒等微量元素，并含有维生素E等抗氧化物，能延缓机体衰老、润泽肌肤，并有防癌、抗癌的功效。

跳水田鸡

肉味鲜美 · 香辣适口

原料：田鸡300克，小火腿肠、葱、干红椒、淀粉各适量

调料：食用油、盐、胡椒粉、生抽、辣椒油、白醋、蚝油、郫县豆瓣、料酒各适量

做法

1. 田鸡处理干净，加生抽、蚝油、料酒、水淀粉码味；小火腿肠切十字花刀；葱、干红椒均洗净，切段；郫县豆瓣剁细。
2. 锅中入油烧热，入田鸡炸至变色时盛出。
3. 锅中留油烧热，入郫县豆瓣炒出红油，加入干红椒炒香，注入适量清水烧开。
4. 调入盐、胡椒粉、辣椒油、白醋拌匀，放入炸过的田鸡、小火腿同煮片刻，再入葱段略煮，起锅盛入碗中即可。

芋儿烧水鱼

赏之养眼 · 食之养胃

原料：甲鱼1只，芋头200克，葱、香菜叶各少许

调料：食用油、高汤、盐、老抽、陈醋、辣椒油、红油、料酒各适量

做法

1. 甲鱼处理干净，剁成小块(盖留整)，加盐、料酒腌渍；芋头去皮、洗净，切块，入热油锅中炸至稍软时捞出；葱洗净，切葱花。
2. 锅中入油烧热，放入甲鱼快速爆炒片刻，加入芋头翻炒。
3. 注入少许高汤以大火烧开，调入盐、老抽、陈醋、辣椒油、红油拌匀，再改小火烧至甲鱼、芋头均熟，待汤汁浓稠时，起锅盛入盘中，将甲鱼摆回原形，撒上葱花，以香菜叶装饰即可。

健康解密

甲鱼中富含蛋白质、无机盐、维生素A、维生素B_1、维生素B_2等营养素，能够增强身体的抗病能力及调节人体的内分泌功能，也是提高母乳质量、增强婴儿免疫力及智力的滋补佳品。

制作点睛：

选购甲鱼时，主要看甲鱼的各个部位，凡外形完整，无伤无病，肌肉肥厚，腹部有光泽，背胛肋骨模糊，裙厚而上翘，四腿粗而有劲，动作敏捷的为优等甲鱼；反之，为劣等甲鱼。

蔬菜

古籍《尔雅》定义蔬菜为：“凡草可食者，通名为蔬。”中国作为农耕文化发源最早的国家之一，早在七千年前，除了种植谷类之外，对其他植物也进行了选择和驯化。中国最早的农耕专著《齐民要术》中记录的蔬菜就有20多类、100多个品种。蔬菜的种类五花八门，做法也各具特色。

鲍汁西蓝花

菜鲜味浓·别具风味

原料：西蓝花250克，生粉少许

调料：食用油、盐、鲍汁各适量

做法

1. 西蓝花掰成小朵、洗净。
2. 锅置火上，注入适量清水烧开，放入少许油和盐，加入西蓝花焯熟后捞出，盛入盘中。
3. 将鲍汁兑适量清水、生粉，入锅煮开后，淋在西蓝花上即可。

健康解密

西蓝花中富含丰富的优质蛋白质、易吸收脂肪和少量糖类，可以补充人体所需的能量。此外，西蓝花中还富含维生素以及钙、铁、锌等微量矿物元素，其中维生素C的含量非常高，对人体健康有益。另外，西蓝花中还含有丰富的胡萝卜素，可以促进人体胃肠的健康和消化。

制作点睛：

西蓝花入锅焯水时，放少许油可令其颜色保持翠绿。西蓝花焯水的时间不宜过长，否则会影响口感。

尖椒长豆角

颜色碧绿 · 辣味适中

原料：长豆角250克，青尖椒、红尖椒、大蒜各适量

调料：食用油、盐、白醋、老抽、香油各适量

做法

1. 长豆角去老筋、洗净，切段；青、红尖椒均洗净，切片；大蒜去皮、洗净，拍碎。
2. 锅置火上，注入适量清水烧开，调入油、盐，放入长豆角焯水后捞出，沥干水分。
3. 油锅烧热，入青尖椒、红尖椒、大蒜炒出香味，加入长豆角煸炒至熟。
4. 调入盐、白醋、老抽、香油炒匀，起锅盛入盘中即可。

健康解密

这道菜用大蒜来增强菜的口感，再以尖椒为佐料，非常开胃。除了口感佳之外，其减肥效果也相当不错，因为长豆角属高纤维食物，可以解决便秘的困扰，能在一定程度上分解脂肪及抑制脂肪堆积。

制作点睛：

在选购长豆角时，一般以粗细均匀、色泽鲜艳、透明有光泽、子粒饱满的为佳，而有裂口、皮皱的、条过细无子、表皮有虫痕的长豆角则不宜购买。

蒜香长豆角

蒜香浓郁 · 咸鲜可口

原料：长豆角300克，大蒜适量

调料：食用油、盐、白醋、老抽、辣椒油、香油各适量

制作点睛：

长豆角一定要焯透，以防中毒。因为长豆角和其他豆类蔬菜一样，都含有皂角和植物凝集素，这两种物质对胃肠黏膜有较强的刺激作用，并对细胞有破坏和溶血作用，严重的还会出现出血性炎症。

做法

1. 长豆角去老筋、洗净，切长段；大蒜去皮、洗净，拍碎。
2. 锅置火上，注入适量清水烧开，调入油、盐，放入长豆角焯至熟软后捞出，沥干水分。
3. 油锅烧热，放入长豆角煸至表皮微黄时，出锅盛入盘中。
4. 再热油锅，入大蒜煸香后，将其与盐、白醋、老抽、辣椒油、香油混合成味汁，淋在长豆角上即可。

健康解密

中医认为，长豆角性平、味甘咸，归脾肾经，除了有健脾、和胃的作用外，最重要的是能够补肾。李时珍曾称赞它能够“理中益气，补肾健胃，和五脏，调营卫，生精髓”。所谓“营卫”，就是中医所说的营卫二气，调整好了，可充分保证人的睡眠质量。

咸鲜味

受大众欢迎度 ★★★★★

家乡凉豆角

脆嫩味鲜 · 蒜香扑鼻

原料：四季豆200克，大蒜适量

调料：食用油、盐、白醋、老抽、辣椒油、辣椒酱、香油各适量

制作点睛：

为了清洗掉四季豆上的残留农药，可先用淡盐水将豆角浸泡过再洗净。四季豆焯水时，在锅内加入少许油和焯水后及时入凉水中冷却，可使其保持颜色翠绿。四季豆内含有大量的皂苷和血球凝集素，因此，一定要加工熟透才能食用，否则易发生中毒。

做法

1. 四季豆去老筋、洗净，切长段；大蒜去皮、洗净，拍碎。
2. 将四季豆放入加有油、盐的沸水锅中焯熟后捞出，浸入凉开水中冷却。
3. 将四季豆沥干水分，盛入碗中，加入大蒜，调入盐、白醋、老抽、辣椒油、辣椒酱、香油拌匀即可。

健康解密

四季豆性甘、淡、微温，归脾胃经，化湿而不燥烈，健脾而不滞腻，为脾虚湿停常用之品，有调和脏腑、安养精神、益气健脾、消暑化湿和利水消肿的功效。

健康双炒

制作简单 · 颇具风味

原料：黑木耳35克，荷兰豆150克，红椒少许

调料：食用油、盐、味精、生抽各适量

做法

1. 黑木耳泡发、洗净，撕成片；荷兰豆去老筋、洗净；红椒洗净，切菱形片。
2. 锅中入油烧热，入黑木耳煸炒片刻后，加入荷兰豆、红椒翻炒均匀。
3. 调入盐、味精、生抽炒匀，起锅盛入盘中即可。

健康解密

荷兰豆中富含维生素C和能分解人体内亚硝胺的酶，可以分解亚硝胺，具有抗癌防癌的作用。

制作点睛：

这道菜中的食材也可多样化一些，总之保持食材整体配搭的基调就可以，食材适当调换增减都没有问题。

百合南瓜

色泽美观·甜香诱人

原料：南瓜200克，鲜百合30克，枸杞少许

调料：白糖适量

做法

1. 鲜百合掰成片、洗净，沥干水分；南瓜削去外皮，挖出内瓤，切成厚薄适宜的片；枸杞洗净。
2. 将南瓜片均匀摆入盘中，再放上鲜百合。
3. 撒上白糖、枸杞，入锅蒸约15分钟即可。

健康解密

这道菜有着赏心悦目的颜色，南瓜给人的印象始终是朴实、温暖伴有柔和的甜美，且南瓜中含有丰富的维生素A和维生素E，能够增强机体免疫力。百合质地肥厚，醇甜清香，甘美爽口，兼具美食与中药的双重身份，有润肺止咳、清心安神之功效。二者搭配，可谓简约而不简单。

制作点睛：

白糖的分量按自己的口味调配，如果不爱吃太甜，可在蒸熟以后浇上糖桂花或蜂蜜食用。百合易熟，喜欢脆感的可稍后再放入。

砂锅小瓜

食材易得 · 味道鲜美

原料：小南瓜300克，红椒少许

调料：食用油、盐、生抽、香油各适量

做法

1. 小南瓜、红椒均洗净，切片。
2. 锅置火上，入油烧热，加入南瓜片翻炒片刻。
3. 待炒至南瓜软熟时，加入红椒同炒。
4. 调入盐、生抽、香油炒匀，起锅盛入烧热的砂锅中即可。

健康解密

小南瓜中含有淀粉、蛋白质、胡萝卜素、维生素和钙、磷等成分，营养丰富，有健脾、预防胃炎、防治夜盲症的作用，并有中和致癌物质之效。

制作点睛：

这道菜选用小南瓜为食材，适合以大火快炒，和老南瓜的甘甜糯不同，小南瓜水分多，淀粉含量较老南瓜要少得多，所以口感比较爽脆。

咸鲜味

受大众欢迎度 ★★★★☆

美极浸小瓜

鲜嫩清香·除油解腻

原料：小黄瓜 300 克，红米椒少许

调料：盐、味精、白糖、美极鲜味汁各适量

做法

1. 小黄瓜洗净，切小段，加少许盐拌匀；红米椒洗净，切段。
2. 将盐、味精、白糖、美极鲜味汁、凉开水混合成美极生拌汁。
3. 将小黄瓜、红米椒、美极生拌汁混合拌匀即可。

健康解密

黄瓜中含有丰富的维生素E，可起到延年益寿、抗衰老的作用。黄瓜中的黄瓜酶，有很强的生物活性，能有效地促进机体的新陈代谢。黄瓜中所含的丙氨酸、精氨酸和谷氨酰胺对肝脏病人，特别是对酒精肝硬化患者有一定辅助治疗作用，可防酒精中毒。

制作点睛：

一定要选择新鲜的嫩黄瓜。制作这道凉拌菜时，放入少许白糖更能提味。

紫苏煎黄瓜

脆嫩爽口 · 咸香下饭

原料：黄瓜250克，紫苏、蒜、红椒、葱各适量

调料：食用油、高汤、盐、生抽、辣椒油各适量

搭配理由

紫苏有一种特殊的芳香，有开胃和预防感冒的功效，将其与黄瓜搭配，在菜色上，紫苏的青紫色加上黄瓜的青绿色，相得益彰。吃的时候既能品味紫苏的淡淡香味，也能体味黄瓜的清淡爽口。

做法

1. 黄瓜洗净，切片；紫苏洗净，切碎；蒜去皮、洗净，切末；红椒洗净，切圈；葱洗净，切小段。
2. 油锅烧热，倒入黄瓜煎片刻后盛出。
3. 再热油锅，入蒜蓉炒香，注入少许高汤烧开，倒入黄瓜，调入盐、生抽、辣椒油拌匀，再以小火焖至汤汁快干时，加入紫苏、红椒、葱段同炒片刻，起锅盛入碗中即可。

制作点睛：

为保存黄瓜的脆性，不能煎太久。

青椒煎苦瓜

开胃小菜 · 清淡脆嫩

原料：苦瓜300克，青、红椒各适量

调料：盐、食用油、味精、香油各适量

做法

❶ 苦瓜剖开、去子、洗净，切片；青、红椒均洗净，切片。

❷ 锅置火上，入油烧热，倒入苦瓜快速翻炒，调入盐炒匀，加入青、红椒同炒片刻，以味精调味，淋入香油，起锅盛入碗中即可。

健康解密

苦瓜味苦、性寒，有清热祛火、解毒明目、补气益精、止渴消暑的功效。另外，生吃苦瓜还具有减肥的特效，因为苦瓜中含具有减肥特效的高能清脂素。但是苦瓜性寒，脾胃虚弱的人不适宜生吃苦瓜。

制作点睛：

如果怕苦，可将苦瓜切片后，加入适量盐抓匀，再用清水冲洗干净，以便去除部分苦味。也可将苦瓜放入无油的炒锅中，置火上炒干其水分，也能去除部分苦味。

人生四味

色味俱佳·独具一格

原料：苦瓜150克，菠萝肉、鲜百合各80克，红椒适量

调料：食用油、盐、香油各少许

做法

1. 苦瓜剖开、去子、洗净，切片；百合掰成片，洗净；菠萝肉切片；红椒洗净，切片。
2. 油锅烧热，倒入备好的食材同炒片刻。
3. 调入盐、香油炒匀，起锅盛入盘中即可。

健康解密

菠萝含有蛋白质、维生素、钙、铁以及蛋白质分解酵素等，营养很丰富。其中的蛋白质分解酵素可以分解蛋白质并有助于消化，促进血液循环。这道菜集中了菠萝、百合和苦瓜的减肥美容功效，菠萝和百合还能减弱苦瓜的苦味，使整道菜变得很可口。

搭配理由

“苦”味食物是“火”的天敌。苦瓜味道苦涩，但能清心明目，而红椒辛辣火爆，将二者搭配，能达到“去火”的目的。

制作点睛：

如果没有新鲜菠萝，也可用菠萝罐头代替，成菜一样美味。

咸鲜味

受大众欢迎度 ★★★★☆

香汁茄子

鲜香浓郁 · 下饭好菜

原料：茄子 300 克，青、红椒各少许

调料：食用油、盐、生抽、辣椒油、蚝油、香油各适量

做法

1. 茄子洗净，切大块，并剞上花刀；青、红椒均洗净，切碎粒。
2. 将盐、生抽、辣椒油、蚝油加适量的清水兑成味汁。
3. 锅中入油烧热，放入茄子稍煎至茄子发软。在煎的过程中，适时倒入适量味汁。
4. 待茄子将熟时，放入青、红椒碎拌匀，当茄子完全熟透后，淋入香油，起锅盛入碗中即可。

健康解密

茄子中含丰富的维生素P，这种物质能增强人体细胞间的黏着力，增强毛细血管的弹性，减低毛细血管的脆性及渗透性，防止微血管破裂出血，使心血管保持正常的功能。

避风塘茄子

金黄油亮 · 相当诱人

原料：茄子 250 克，面粉、淀粉、啤酒各适量

调料：食用油、盐、胡椒粉各适量

做法

1. 茄子去皮、洗净，切片，放入淡盐水中浸泡片刻。
2. 将面粉、淀粉与啤酒混合，调入盐、胡椒粉拌匀，做成面糊。
3. 将茄子从淡盐水中捞出，轻挤沥水后放入面糊中拌匀。
4. 锅中入油烧热，放入茄子炸至软熟时盛出即可。

健康解密

这道菜中含有龙葵碱，能抑制消化系统肿瘤的增殖，对于防治胃癌有一定效果。此外，茄子有防治坏血病及促进伤口愈合的功效。

泰汁让茄子

色泽明亮 · 咸香酥糯

原料：茄子 350 克，猪肉 150 克，面粉、姜末、蒜末、葱花各适量

调料：食用油、盐、胡椒粉、白醋、生抽、泰式甜辣酱各适量

制作点睛：

茄子以果形均匀周正、老嫩适度、无裂口、腐烂、斑点、皮薄、子少、肉厚、细嫩的为佳。嫩茄子颜色乌暗，皮薄肉松，重量少，子嫩味甜，子肉不易分离，花萼下部有一片绿白色的皮。老茄子颜色光亮光滑，皮厚而紧，肉坚子实，肉子容易分离，子黄硬，重量大，有的带苦味。

做法

1. 猪肉洗净，剁成肉末，加入姜末、蒜末、葱花，调入盐、胡椒粉、白醋、生抽搅拌成馅料。
2. 茄子洗净，切厚片，再从中间切口，将馅料塞入其中。
3. 将面粉加少许清水调匀成面糊。
4. 将酿好的茄子放入面糊中，均匀包裹一层面糊。
5. 油锅烧热，将备好的材料入锅炸至金黄色时捞出，盛入盘中，淋上泰式甜辣酱即可。

搭配理由

茄子本身没有什么味道，主要是靠吸收配料来获取口感，而泰式甜辣酱酱味浓郁，咸甜适口，茄子吸收了泰式甜辣酱的酱汁之后，肉质松软，风味独味，可谓绝配。

大盘莲藕

制作简单 · 清香诱人

原料：莲藕250克，红米椒、大红椒、葱各适量

调料：盐、食用油、生抽、香油各适量

做法

1. 莲藕去皮、洗净，切条；葱洗净，切段；大红椒洗净，切条；红米椒洗净，切圈。
2. 锅中入油烧热，入红米椒煸香，倒入藕条翻炒片刻。
3. 注入少许清水炒匀，加入葱段、红椒条同炒，调入盐、生抽、香油炒匀，起锅盛入大盘中即可。

健康解密

这道菜制作简单，营养又好吃。莲藕中含有黏液蛋白和膳食纤维，能与人体内胆酸盐、食物中的胆固醇及甘油三酯结合，使其从粪便中排出，从而减少脂类的吸收。

制作点睛：

炒藕片时，会越炒越黏，可边炒边加少许清水，不但好炒，而且成品也更具美感。对于这种可以生吃的蔬菜来说，最好不要加太多的调味料。

咸辣味

受大众欢迎度 ★★★★☆

桂花蜜汁藕

味道清甜 · 老少皆宜

原料：莲藕 250 克，桂花适量

调料：冰糖、蜂蜜各适量

制作点睛：

莲藕去皮切开后，暴露在空气中会发生氧化变色，可将其放入清水或淡盐水中浸泡，使其与空气隔绝，防止氧化。

做法

❶ 莲藕去皮、洗净，切片。

❷ 将藕片放入锅中，注入适量清水，加入冰糖，以中火煮至藕片熟透。

❸ 加入桂花，续煮至汤汁黏稠，起锅盛入盘中。

❹ 将蜂蜜调匀，淋在藕片上即可。

特别解说：

中国各地著名的藕品有：苏州的荷藕，品质优良，在唐代时就列为贡品。其藕有“雪藕”之称，色白如雪，嫩脆甜爽，生吃堪与鸭梨媲美，诗人韩愈曾有“冷比霜雪甘比蜜，一片入口沉疴痊”之赞；湖南省汉寿县西竺乡的白臂藕白如玉、壮如臂、汁如蜜，吃起来嫩脆脆、水汪汪，落口消融，食而无渣；广西贵县大红莲藕，身茎粗大，生吃尤甜，熟食特别绵。据说，清朝乾隆皇帝游江南时，就指名要尝贵县大红莲藕。现在，当地人还喜欢设“全藕席”招待客人；湖北省洪湖藕富含淀粉、蛋白质、维生素等成分，鲜美爽口，早已驰名中外，被誉为“水中之宝”；杭州人则推崇西湖的藕，由于它白嫩如少女之臂，美其名曰“西施臂”。

甜香味

受大众欢迎度 ★★★★☆

藕然巧合

操作简单 · 美容养颜

原料：莲藕200克，鲜百合100克

调料：食用油、盐适量

做法

1. 莲藕去皮、洗净，切薄片，入沸水锅中焯水后捞出；鲜百合掰成片，洗净。
2. 锅中入油烧热，入藕片翻炒片刻，调入盐炒匀，再加入百合稍炒，起锅盛入盘中即可。

特别解说：

在清咸丰年间，莲藕就被钦定为御膳贡品了。因与“偶”同音，故民俗用食藕祝愿婚姻美满，又因其出污泥而不染，与荷花同作为清廉高洁的人格象征。

搭配理由

莲藕、百合都有助于增强人体免疫功能，二者搭配，具有清热润肺、养心安神的功效，经常食之，可助身体健康少病，延年益寿。

制作点睛：

百合易熟，不要焯水，炒制时间也不要过长。莲藕中含鞣质，其与金属结合会生成深色的鞣质盐，如遇铁后变成蓝色或暗绿色，所以最好用不锈钢锅具。

煎炆莲藕盒

咸香酥糯·诱人食欲

原料：莲藕350克，猪肉100克，鸡蛋2个，西蓝花、面粉、淀粉、姜、葱各适量

调料：食用油、盐、胡椒粉、生抽、白醋、高汤各适量

制作点睛：

肉末加入调料后，一定要沿着同一个方向搅打上劲，在最后煎的时候才不易脱落。而且，也能保证肉馅口感充满弹性。制作这道菜也可用啤酒代替清水来调糊挂浆，这样做出的藕盒会非常鲜嫩、香脆。

健康解密

莲藕散发出一种独特清香，还含有鞣质，有一定健脾止泻作用，能增进食欲、促进消化、开胃健中，有益于胃纳不佳、食欲不振者恢复健康。莲藕还能凉血、散血，中医认为其止血不留瘀，是热病血症的食疗佳品。

做法

1. 莲藕洗净，切片，放入淡盐水中浸泡；将鸡蛋的蛋清与蛋黄分离备用。
2. 姜去皮、洗净，切末；葱洗净，切葱花；猪肉洗净，剁成末；将肉末、姜末、葱花混合，加入蛋清，调入盐、胡椒粉、生抽、白醋拌匀成馅料。
3. 将面粉、淀粉盛入碗中，调入少许盐，放入蛋黄，注入少许清水，搅拌成面糊。
4. 取一片莲藕，放上馅料，再放上一片莲藕，稍加按压，放入面糊中，使整个藕盒沾满面糊。如此反复，将备好的材料都做成藕盒。
5. 锅中入油烧热，放入藕盒，以小火慢煎至熟，起锅盛入盘中。
6. 再热油锅，注入少许高汤烧开，调入盐、老抽拌匀，以水淀粉勾芡，淋在藕盒上。
7. 将西蓝花掰成朵、洗净，加入有油和盐的沸水锅中焯水后捞出，摆在藕盒旁即可。

芙蓉芦笋

清淡爽口·鲜美滑脆

原料：芦笋200克，鸡蛋1个，虾仁、干贝各适量

调料：食用油、盐、胡椒粉、料酒各适量

做法

1. 芦笋去老根、去皮、洗净，切长段；鸡蛋取蛋清，加盐搅匀备用；虾仁洗净，加盐、胡椒粉、料酒腌渍；干贝洗净、泡发，撕成丝。
2. 将芦笋放入加有盐和油的沸水锅中焯熟后捞出，摆入盘中。
3. 油锅烧热，倒入蛋清炒散，起锅盛于芦笋上。
4. 再热油锅，入虾仁滑熟，加入干贝丝翻炒后，起锅盛于炒好的蛋花上即可。

健康解密

芦笋享有“蔬菜之王”的美称，富含多种氨基酸、蛋白质和维生素，其含量均高于一般水果和蔬菜，特别是芦笋中的天冬酰胺和微量元素硒、钼、铬、锰等，具有调节机体代谢，提高身体免疫力的功效，在对高血压、心脏病、水肿、膀胱炎等的预防和治疗中，具有很强的抑制作用和药理效应。

制作点睛：

焯水时加入适量盐和油，可以保持菜品的翠绿。

咸鲜味

受大众欢迎度 ★★★☆☆

鸡汁脆笋

鲜香脆爽·味美无比

原料：笋干30克，葱、红椒各适量

调料：盐、胡椒粉、香油、鸡汤各适量

健康解密

笋丝中含有蛋白质、维生素、粗纤维、碳水化合物，以及各种微量元素。鸡汤是传统的滋补佳品。笋丝和鸡汤搭配而成的鸡汁脆笋，既含有人体所需的各种营养成分，又不会摄入太多的脂肪和胆固醇，好吃营养又没负担，值得推荐。

做法

1. 笋干泡发、洗净，切丝；葱、红椒均洗净，切丝。
2. 锅置火上，放入笋丝炒干炒香，倒入鸡汤一同焖煮入味。
3. 调入盐、胡椒粉、香油拌匀，起锅盛碗中，撒上葱丝、红椒丝即可。

制作点睛：

这道菜中的笋丝可用市售的包装脆笋丝，更方便快捷，简单省事。

毛芹土豆丝

黄绿相间 · 美味可口

原料：土豆 250 克，香芹 100 克，红椒少许

调料：盐、食用油、味精、生抽、白醋各适量

制作点睛：

土豆丝用凉水浸泡，可去除淀粉，这样炒出来才比较脆。炒土豆丝的油一定要烧热，加入适量白醋，可让土豆丝更爽口，也不容易粘锅。

做法

❶ 土豆去皮、洗净，切丝，入清水中浸泡片刻，再放入沸水锅中焯水后捞出；香芹洗净，切段；红椒洗净，切丝。

❷ 锅置火上，入油烧热，入土豆丝翻炒片刻，加入香芹、红椒丝同炒。

❸ 调入盐、味精、生抽、白醋炒匀，起锅盛入盘中即可。

搭配理由

在烹调土豆时加入适量醋，利用醋的酸性作用来分解土豆中的龙葵素，能起到解毒的作用。人们常常吃的酸辣土豆丝、醋熘土豆丝，不仅味道好，安全性上也更胜一筹。

鸡汁萝卜片

味道鲜美 · 色泽淡雅

原料：白萝卜250克，胡萝卜50克，鸡蛋1个，猪肉、葱各适量

调料：食用油、盐、胡椒粉、料酒、鸡汤各适量

做法

1. 白萝卜、胡萝卜均去皮、洗净，切成厚薄均匀的片；猪肉洗净，剁成肉末，加盐、料酒腌渍；葱洗净，切葱花。
2. 锅置火上，注入适量清水烧开，加入少许油，再入萝卜片焯水后捞出，过凉水，沥干，整齐码入盘内，在盘中放上肉末，并磕入鸡蛋。
3. 净锅置火上，注入适量鸡汤烧开，调入盐、胡椒粉拌匀，出锅倒在萝卜片上。
4. 将备好的材料放入锅中，以大火蒸至熟透后出锅，撒上葱花即可。

健康解密

白萝卜是一种常见的蔬菜，其味略带辛辣味。现代研究认为，白萝卜含芥子油、淀粉酶和粗纤维，具有促进消化、增强食欲、加快胃肠蠕动和止咳化痰的作用。中医理论也认为该品味辛甘，性凉，入肺胃经，为食疗佳品，可以治疗或辅助治疗多种疾病，本草纲目称之为“蔬中最有利者”。

制作点睛：

这道菜中的胡萝卜主要起装饰作用，不宜多放，也可以枸杞代替。

油淋美人椒

油亮红润·椒香四溢

原料：红甜椒250克，大蒜、豆豉少许

调料：食用油、盐、老抽、香油各适量

做法

1. 红甜椒洗净，切长段；大蒜去皮、洗净，切粒。
2. 锅中入油烧热，入豆豉、蒜粒爆香，加入红甜椒煸炒至表皮有焦煳点时，注入少许清水烧煮片刻。
3. 调入盐、老抽、香油炒匀，起锅盛入盘中即可。

健康解密

辣椒对口腔及胃肠有刺激作用，能增强肠胃蠕动，促进消化液分泌，改善食欲，并能抑制肠内异常发酵。此外，辣椒含有的辣椒素，可以通过扩张血管，刺激体内生热系统，有效地燃烧体内的脂肪，加快新陈代谢，使体内的热量消耗速度加快，从而达到减肥的效果。

制作点睛：

怕辣的话可以将辣椒子去除。

休闲红酒圣女果

酸甜适度 · 酒香浓郁

原料：圣女果 300 克

调料：盐、白糖、红葡萄酒各适量

做法

1. 圣女果去蒂、洗净，在尾部切十字刀花，方便剥皮。
2. 锅置火上，注入适量清水烧开，放入圣女果稍烫后捞出，投入凉开水中冷却，再剥去外皮。
3. 将红葡萄酒、盐、白糖和适量凉开水调匀，倒入密封盒中，再放入备好的圣女果，盖上盒盖，入冰箱冷藏约 30 分钟即可。

搭配理由

圣女果口感微酸，与白糖一起拌，既可以中和酸味，还可以清热去暑，是夏日里常见的家常菜。

制作点睛：

此菜适合即吃即做，别放置太久。白糖的比例可依据个人的喜好进行调整。

酸甜味

受大众欢迎度 ★★★★☆

蚕豆中含有大量蛋白质，在日常食用的豆类中仅次于大豆，此外还含有大量钙、钾、镁、维生素C等，有益气健脾、利湿消肿、延缓动脉硬化、促进骨骼生长等作用。

锅仔嫩蚕豆

酸辣过瘾 · 特别开胃

原料：蚕豆300克，猪肉50克，酸菜、枸杞各适量

调料：食用油、盐、胡椒粉、生抽、香油各适量

做法

1. 蚕豆去皮、洗净；猪肉洗净，剁成肉末；酸菜洗净，切碎；枸杞洗净，用温水泡发。
2. 油锅烧热，下入肉末过油后盛出。
3. 锅中留油烧热，倒入蚕豆翻炒均匀，注入适量清水烧开，盖上锅盖，以中火煮至蚕豆将熟时，加入酸菜、肉末同煮。
4. 调入盐、胡椒粉、生抽、香油拌匀，撒上枸杞即可。

蚕豆炒韭菜

健康小炒 · 简单便捷

原料：蚕豆250克，韭菜50克

调料：盐、食用油、生抽、香油各适量

做法

1. 蚕豆去皮、洗净，加入少许盐腌渍片刻；韭菜洗净，切段。
2. 锅中入油烧热，倒入腌好的蚕豆不停翻炒，中途加入少许清水一起炒匀。
3. 待蚕豆快熟时，加入韭菜同炒片刻，调入盐、生抽、香油炒匀，起锅盛入盘中即可。

制作点睛：

此菜亦可清蒸，最后将调味料淋上即可，功效相同。偏好食辣者，可加入适量辣椒粉调味。

韭菜素有“洗肠草”之称，因为韭菜富含膳食纤维，可以消化肠道中的杂物，增进胃肠蠕动，治疗便秘。

百合鲜豆

翠绿清香 · 鲜美爽口

原料：蚕豆100克，银杏50克，鲜百合、腰果、西芹、干红枣各适量

调料：盐、食用油、香油适量

做法

1. 蚕豆、银杏均去皮、洗净，放入沸水锅中焯水后捞出，再放入凉开水中过凉；鲜百合掰成片、洗净；西芹洗净，切小段；干红枣泡发、洗净。
2. 锅中入油烧热，倒入蚕豆、银杏翻炒均匀，加入西芹、红枣翻炒片刻。
3. 再入鲜百合、腰果稍炒，调入盐、香油以大火炒匀，起锅盛入盘中即可。

健康解密

这道菜中食材丰富，银杏药食俱佳，具有强壮身体、健脑提神、养颜抗皱等功效，是滋补身体的佳品。

制作点睛：

焯过水的银杏、蚕豆要迅速放入凉水中，可使其颜色更加亮丽。鲜蚕豆的上市时间很短，大家可将新鲜蚕豆清洗干净后装入保鲜袋，放入冰箱冷冻室，可保存半年以上。

青豆茄丁

简单美味 · 佐餐首选

原料：嫩豌豆100克，茄子200克，五花肉50克，红椒少许

调料：食用油、盐、老抽、辣椒油、香油各适量

做法

1. 嫩豌豆洗净，焯水后捞出；茄子洗净，切小丁，焯水后捞出；五花肉洗净，切小丁；红椒洗净，切小粒。
2. 锅置火上，入少许油烧热，放入五花肉煸炒至出油时，加入嫩豌豆、茄丁翻炒均匀。
3. 调入盐、老抽、辣椒油、香油炒匀，入红椒碎稍炒后，起锅盛入盘中即可。

健康解密

豌豆味甘、性平，归脾胃经，具有益中气、止泻痢、调营卫、利小便、消痈肿、解乳石毒之功效。豌豆中富含人体所需的各种营养物质，尤其是含有优质蛋白质，可以提高机体的抗病能力和康复能力。但是，豌豆粒多吃会腹胀，易产气，尿路结石、皮肤病和慢性胰腺炎患者不宜食用，此外，糖尿病患者、消化不良者也要慎食。

咸辣味

受大众欢迎度 ★★★★★

五谷养生膳

清香爽口 · 色泽宜人

原料：胡萝卜80克，松仁、腰果、嫩玉米粒、毛豆、红腰豆各适量

调料：食用油、盐适量

做法

1. 胡萝卜去皮、洗净，切小丁；嫩玉米粒、毛豆均洗净；红腰豆洗净，入锅煮熟。
2. 胡萝卜、嫩玉米粒、毛豆分别焯熟后捞出，沥干水分。
3. 油锅烧热，放入备好的所有食材入锅翻炒均匀。
4. 调入盐炒匀即可。

健康解密

这道菜食材多样，营养丰富，富含不饱和脂肪酸，能降低血脂，预防心血管疾病，还含有大量矿物质，能给机体组织提供丰富的营养成分，强壮筋骨，消除疲劳，对老年人保健有极大的益处。另外，此菜中维生素E含量高，有很好的软化血管、延缓衰老的作用，是中老年人的理想保健菜，也是女士们润肤美容的理想菜。

制作点睛：

这道菜中的玉米粒最好用新鲜玉米，有玉米的清甜，用罐装的玉米粒代替也可，但千万不能用干玉米粒。

剁椒芋头仔

口感细软 · 老少咸宜

原料：芋头500克，剁椒20克，葱花适量

调料：盐、豆豉、鸡精、生抽、香油各适量

做法

1. 芋头洗净，去皮，用挖球器挖成球状。
2. 剁椒、盐、鸡精、生抽、香油混合均匀，平铺在芋头上。
3. 烧开水大火蒸20～30分钟，上桌前撒上豆豉、葱花即可。

健康解密

芋头中富含蛋白质、钙、磷、铁、维生素C、B族维生素等多种成分，可调整人体的酸碱平衡，产生美容养颜、乌黑头发的作用，还可用来防治胃酸过多症。

搭配理由

雪白的芋头配上鲜红的剁椒，色彩非常艳丽，很能激发人的食欲，味道有点酸辣，非常开胃！

健康解密

魔芋的主要成分是葡甘露聚糖，可活血化瘀、解毒消肿、宽肠通便、化痰软坚。

酸辣魔芋

酸辣过瘾 · 特别开胃

原料：魔芋 250 克，红椒、蒜苗各适量

调料：盐、胡椒粉、食用油、辣椒油、老抽、白醋、香油各适量

做法

1. 魔芋洗净，切条，放沸水锅中焯水后捞出，沥干水分；红椒洗净，切圈；蒜苗洗净，切小段。
2. 锅中入油烧热，倒入魔芋与红椒同炒片刻，注入适量清水烧开。
3. 调入盐、胡椒粉、辣椒油、老抽、白醋拌匀，放入蒜苗稍煮后，起锅盛入碗中，淋入香油即可。

家常红薯粉

酸辣过瘾 · 特别开胃

原料：红薯粉 150 克，猪肉、花生仁、酸爽榨菜丝、葱各适量

调料：盐、胡椒粉、花椒粉、食用油、陈醋、老抽、辣椒油、香油、高汤各适量

做法

1. 红薯粉放入清水中泡软；猪肉洗净，剁成肉末；花生仁洗净，入锅炸至酥脆；葱洗净，切葱花。
2. 锅置火上，入油烧热，入肉末炒至变色时，注入适量高汤烧开。
3. 加入红薯粉煮至软熟时，调入盐、胡椒粉、花椒粉、陈醋、老抽、辣椒油、香油拌匀。
4. 撒上葱花，放上酸爽榨菜丝和炸好的花生仁即可。

健康解密

红薯粉是粗粮制品，其主要成分是淀粉，经常食用有利人体营养均衡，可增进肠道蠕动，缓解便秘。

菌菇

在古代民间，有“味之美者，越骆之菌”的说法。所谓“越骆之菌”就是指因为蒙古草原产菇，古代时运输蘑菇干品靠骆驼驮运之典故。菌菇类食物，如黑木耳、香菇、牛肝菌、杏鲍菇等，不仅味道鲜美，而且所含蛋白质也较一般蔬菜高，人体所需的氨基酸比例合适，还有多种微量元素。这些物质有助于增强人体的抵抗力，因而逐渐成为餐桌上的新宠。

美味金针菇

颜色亮丽 · 制作简单

原料： 金针菇150克，胡萝卜100克，青椒适量

调料： 食用油、盐、白醋、生抽、香油各适量

做法

1. 金针菇去蒂、洗净；胡萝卜去皮、洗净，切丝，焯水后捞出；青椒洗净，切丝。
2. 锅中入油烧热，入备好的食材同炒片刻。
3. 调入盐、白醋、生抽、香油炒匀，起锅盛入盘中即可。

搭配理由

金针菇是菌类食材，与青椒和胡萝卜搭配，不仅爽口美味，而且营养丰富，保健功效极佳。

制作点睛：

优质的金针菇颜色应该是淡黄至黄褐色，菌盖中央较边缘稍深，菌柄上浅下深；还有一种色泽白嫩的。如果颜色特别均匀、鲜亮，没有原来的清香而有异味的，可能是经过熏、漂、染或用添加剂处理过，不宜食用。

霸劲双娇

造型精致 · 清新美味

原料：金针菇300克，五花肉50克，青椒、红椒、香芹各适量

调料：胡椒粉、食用油、盐、白醋、生抽、香油各适量

制作点睛：

金针菇根部味道较重，切去后可令成菜口感更好。

做法

1. 金针菇去蒂、洗净，入加有油、盐的沸水锅中焯熟后捞出，沥干水分，盛入盘中。
2. 五花肉洗净，切小丁；青、红椒均洗净，斜切成片；香芹洗净，切碎粒。
3. 油锅烧热，入五花肉煸炒至出油时，加入青椒、红椒、香芹翻炒均匀。
4. 调入盐、胡椒粉、白醋、生抽、香油炒匀，起锅淋在金针菇上即可。

健康解密

金针菇含有人体必需的氨基酸成分较全，其中赖氨酸和精氨酸含量尤其丰富，且含锌量比较高，对增强智力尤其是对儿童的身高和智力发育有良好的作用，人称“增智菇”。金针菇中还含有一种叫朴菇素的物质，有增强机体对癌细胞的抗御能力，常食金针菇还能降低胆固醇，预防肝脏疾病和肠胃道溃疡，增强机体正气，防病健身。

杏鲍菇炒甜玉米

口感清爽 · 简单美味

原料：嫩玉米粒100克，杏鲍菇、胡萝卜、黄瓜各适量

调料：食用油、盐、生抽各适量

特别解说：

胡萝卜富含维生素A，而维生素A属于脂溶性的，所以要先放。

做法

❶ 嫩玉米粒洗净；杏鲍菇、黄瓜均洗净，切小丁；胡萝卜去皮、洗净，切小丁。

❷ 锅中入油烧热，入玉米粒、胡萝卜翻炒约1分钟。

❸ 加入杏鲍菇、黄瓜一同炒熟，调入盐、生抽炒匀，起锅盛入盘中即可。

甜香味

受大众欢迎度 ★★★★☆

制作点睛：

杏鲍菇和黄瓜都是容易熟的食材，不要炒太久，以免营养流失。

健康解密

玉米中含有丰富的纤维素，不但可以刺激肠蠕动，防止便秘，还可以促进胆固醇的代谢，加速肠内毒素的排出。此外，玉米还含有丰富的B族维生素、烟酸等，对保护神经传导和胃肠功能，预防脚气病、心肌炎，维护皮肤健美有一定效果。

葱油杏鲍菇

咸鲜脆嫩 · 滑而不腻

原料：杏鲍菇300克，葱、红椒各适量

调料：食用油、盐、生抽、白醋各适量

做法 ↘

❶ 杏鲍菇洗净，切大片；红椒洗净，切丝；葱洗净，取部分葱白切丝，剩余部分切小粒，余下的切长段。

❷ 将杏鲍菇放入沸水锅中焯熟后捞出，沥干水分，盛入盘中。

❸ 油锅烧热，放入葱段爆香，调入盐、生抽、白醋拌匀，待葱段被榨干后，捞出不要，将余下的葱油淋在杏鲍菇上，撒上葱粒、红椒丝、葱丝即可。

健康解密

这道菜营养丰富，富含蛋白质、碳水化合物、维生素及钙、镁、铜、锌等矿物质，可以提高人体免疫功能，对人体具有抗癌、降血脂、润肠胃以及美容等作用，是老年人、心血管疾病患者、肥胖症患者的理想食物。

制作点睛：

制作此菜时，可用手将杏鲍菇顺着纹路撕成丝，口感会更好。

干锅咸肉杏鲍菇

色泽美观 · 咸鲜味浓

原料：杏鲍菇350克，咸肉50克，青椒、红椒、干红椒、蒜瓣、葱段各适量

调料：食用油、盐、胡椒粉、老抽、香油各适量

做法

1. 杏鲍菇洗净，切长条；咸肉洗净，切片；青、红椒均洗净，切条。
2. 锅中入油烧热，入干红椒、蒜瓣、葱段爆香后捞除，放入杏鲍菇略炒后，加入咸肉同炒片刻。
3. 调入盐、胡椒粉、老抽、香油炒匀，再入青、红椒翻炒，起锅盛入干锅中即可。

制作点睛：

咸肉中盐分较多，制作时不要再加入太多盐。

健康解密

这道菜中磷、钾、钠的含量非常丰富，还含有脂肪、蛋白质等营养成分，具有开胃祛寒、消食等功效。

清炒茶树菇

清香宜人 · 口感爽脆

原料：新鲜茶树菇200克，青椒、红椒、葱各适量

调料：食用油、盐、胡椒粉、生抽、香油各适量

做法

1. 新鲜茶树菇去蒂、洗净；青、红椒均洗净，切圈；葱洗净，切段。
2. 锅中入油烧热，入青、红椒炒香，加入茶树菇快速翻炒。
3. 调入盐、胡椒粉、生抽炒匀，加入葱段稍炒后，淋入香油，起锅盛入盘中即可。

制作点睛：

制作本菜时，油的量稍微要少一些，此菜不吸油。

健康解密

茶树菇含有人体所需的多种氨基酸，有补肾、利尿、健脾、止泻等功效，是高血压、心血管和肥胖症患者的理想食物。

茶树菇熘丝瓜

色泽诱人 · 鲜嫩润滑

原料：新鲜茶树菇 100 克，丝瓜 200 克，红椒少许

调料：盐、食用油、生抽适量

做法

1. 新鲜茶树菇去蒂、洗净；丝瓜去皮、洗净，切条；红椒洗净，切条。
2. 锅中入油烧热，入丝瓜、茶树菇同炒片刻。
3. 调入盐、生抽炒匀，待炒至丝瓜、茶树菇变软时，加入红椒翻炒均匀，起锅盛入盘中即可。

健康解密

这道菜中含有防止皮肤老化的B族维生素和增白皮肤的维生素C等成分，能保护皮肤、消除斑块，使皮肤洁白、细嫩，是不可多得的美容佳品。

制作点睛：

丝瓜炒熟后会严重缩水，所以，切的时候要稍微切厚一点。

双椒牛肝菌

咸辣可口 · 营养丰富

原料：牛肝菌250克，青、红、黄椒各适量

调料：盐、食用油、味精、生抽各适量

做法

❶ 牛肝菌去根部，洗净后切片；青、红、黄椒均洗净，切片。

❷ 油锅烧热，放入牛肝菌炒片刻，再入青、红、黄椒同炒至熟。

❸ 调入盐、味精、生抽炒匀，起锅盛入盘中即可。

健康解密

牛肝菌除少数品种有毒或味苦而不能食用外，大部分品种均可食用，牛肝菌味道鲜美，营养丰富。该菌菌体较大，肉肥厚，柄粗壮，食味香甜可口，营养丰富，是一种世界性著名食用菌。

制作点睛：

牛肝菌要注意清洗干净，尤其是伞柄头部有泥沙，不洗干净会影响口感。

巧拌虫草花

金黄诱人 · 营养美味

原料：虫草花、莴笋各适量

调料：盐、味精、白醋、香油各适量

做法

❶ 虫草花泡发、洗净，放入沸水锅中焯水后捞出，沥干水分；莴笋去皮、洗净，切丝，加少许盐略腌。

❷ 将虫草花、莴笋丝一同盛入盘中，调入盐、味精、白醋、香油拌匀即可。

健康解密

虫草花含有丰富的蛋白质、氨基酸以及虫草素、甘露醇、超氧化物歧化酶（SOD）、多糖类等成分，其中虫草酸和虫草素能够综合调理人机体内环境，增强体内巨噬细胞的功能，对增强和调节人体免疫功能、提高人体抗病能力有一定的作用。

特别解说：

虫草花并非花，实质上是蛹虫草子实体，属于真菌类。与常见的香菇、平菇等食用菌相似，只是菌种、生长环境和生长条件不同。为了跟冬虫草区别开来，商家给它起了一个美丽的名字，叫做“虫草花”，主要生长在我国的北方地区。

双椒野生木耳

开胃养颜·方便快捷

原料： 黑木耳50克，青、红椒各适量

调料： 食用油、盐、白醋、生抽各适量

做法

❶ 黑木耳泡发、洗净，撕成小朵，焯水后捞出；青、红椒均洗净，切小段。

❷ 油锅烧热，入青、红椒炒香，加入黑木耳快速翻炒片刻。

❸ 调入盐、白醋、生抽炒匀，起锅盛入盘中即可。

制作点睛：

鲜木耳中含有一种卟啉的光感物质，人食用后经太阳照射可引起皮肤瘙痒、水肿，严重的可致皮肤坏死。干木耳是经暴晒处理的成品，在暴晒过程中会分解大部分卟啉，而在食用前，干木耳又经水浸泡，其中含有的剩余卟啉会溶于水，因而水发的干木耳可安全食用。但要注意的是，浸泡干木耳时最好换两到三遍水，才能最大限度除掉有害物质。

健康解密

黑木耳中含有丰富的纤维素和一种特殊的植物胶原，这两种物质能够促进肠道脂肪食物的排泄，减少食物中脂肪的吸收，从而防止肥胖。同时，这两种物质还能促进胃肠蠕动，防止便秘，有利于体内大便中有毒物质的及时清除和排出，从而起到预防直肠癌及其他消化系统癌症的作用。

豆制品

相传两千多年前，西汉淮南王刘安在八公山上兴建楼阁，在此地操李聃之术，养方士之徒烧药炼丹，因无意中用石膏点中豆腐浆汁，起了化学变化呈凝固体成为乳白色的豆腐。这豆腐，便是我们说的豆制品之一。早在西周至春秋时期，人们就把大豆当作主要食粮，而且逐渐研制了豆腐、豆泡、豆皮、腐竹等豆制品。直到现在，豆制品仍是家庭餐桌上一道必不可少的菜肴。

豆腐西施

色泽金黄 · 香味满屋

原料：豆腐300克，葱少许

调料：食用油、盐、香油各适量

做法

1. 豆腐稍洗、切片；葱洗净，切葱花。
2. 锅置火上，入油烧热，放入豆腐稍煎，并撒上少许盐。
3. 一面煎好后，再翻面续煎，待煎至两面均呈金黄色时盛出，淋入香油，撒上葱花即可。

健康解密

豆腐营养丰富，含有铁、钙、磷、镁和其他人体必需的多种微量元素，还含有糖类、植物油和丰富的优质蛋白，素有“植物肉”之美称。常食可补中益气、清热润燥、生津止渴、清洁肠胃。更适于热性体质、口臭口渴、肠胃不清、热病后调养者食用。

制作点睛：

将豆腐入锅煎制时，每片豆腐之间要留有间隙，以免粘连。煎好的豆腐也可搭配蘸酱食用。喜食辣味之人还可将煎好的豆腐回锅，加入辣椒和适量清水煮片刻，别有一番风味。

麻婆豆腐

色泽碧绿·软糯适口

原料：豆腐350克，猪肉、葱、淀粉各适量

调料：食用油、高汤、盐、胡椒粉、花椒粉、辣椒粉、老抽、陈醋、料酒、郫县豆瓣各适量

做法

1. 豆腐稍洗，切小块，入加有盐的沸水锅中焯水后捞出；猪肉洗净，剁成肉末，加盐、料酒腌渍；葱洗净，切葱花；郫县豆瓣剁细。
2. 锅中入油烧热，入郫县豆瓣炒出红油，加入肉末翻炒片刻。
3. 注入适量高汤烧开，放入焯过水的豆腐，盖上锅盖，以中火略煮片刻。
4. 调入盐、胡椒粉、花椒粉、辣椒粉、老抽、陈醋拌匀，以水淀粉勾芡，淋入香油，起锅盛入盘中，撒上葱花即可。

健康解密

此菜富含蛋白质、钙、磷、铁、维生素及碳水化合物，具有温中益气、补中生津、解毒润燥、补精添髓的功效。

雪菜老豆腐

物美价廉·美味可口

原料：老豆腐300克，雪菜、干红椒、葱各适量

调料：盐、食用油、味精、胡椒粉、生抽、香油各适量

做法

1. 老豆腐稍洗、切块，放入沸水锅中焯水后捞出，沥干水分；包装雪菜取出；干红椒洗净，切小段；葱洗净，切葱花。
2. 锅内入油烧热，入干红椒爆香后，加入雪菜快速翻炒。
3. 放入老豆腐，注入适量清水以大火烧开，调入盐、胡椒粉、生抽拌匀，再改用小火慢煮至入味。
4. 以大火收汁，调入味精，淋入香油，起锅盛入盘中，撒上葱花即可。

健康解密

这道菜含有丰富的蛋白质及食物纤维，具有宽肠开胃、利尿消肿之功效，适宜于消化不良、习惯性便秘等人食用。

蟹黄豆腐

亦汤亦菜·老少皆宜

原料：嫩豆腐300克，咸蛋黄、火腿、蟹柳、淀粉各适量

调料：食用油、盐、味精、胡椒粉、香油各适量

做法

1. 嫩豆腐稍洗，切小丁，焯水后捞出；咸蛋黄用勺子压碎；火腿、蟹柳均洗净，切小丁。
2. 油锅烧热，入咸蛋黄稍炒后，注入适量清水烧开，加入豆腐、火腿、蟹柳同煮至熟。
3. 调入盐、味精、胡椒粉拌匀，以水淀粉勾芡后，淋入香油，起锅盛入木桶中即可。

咸鲜味

受大众欢迎度 ★★★★☆

健康解密

蟹黄豆腐的口味十分独特，其蟹黄香浓、豆腐爽滑、清新淡雅、回味无穷，非常适合现代人的口味，是一道不可多得的高营养健康菜肴。常食不仅可以保护肝脏，促进机体代谢，还可以增加免疫力并且有解毒作用。

小炒千页豆腐

韧劲十足·好吃不腻

原料：千页豆腐200克，五花肉100克，青、红椒各适量

调料：盐、食用油、生抽、辣椒油、白醋、香油各适量

做法

1. 千页豆腐洗净，切片；五花肉洗净，切片；青、红椒均洗净，切圈。
2. 锅中入适量油烧热，入五花肉煸至出油时，加入千页豆腐翻炒均匀。
3. 调入盐、生抽、辣椒油、白醋炒匀，加入青、红椒稍炒后，淋入香油，起锅盛入盘中即可。

咸鲜味

受大众欢迎度 ★★★★☆

健康解密

千页豆腐采用台湾的最新豆腐制作工艺，以大豆粉及淀粉为主要材料精制而成，是一种低脂、低碳水化合物而富含蛋白质的新世纪美食，它不仅保持了豆腐原本的细嫩，更具备特有的Q劲和爽脆，还具有超强的汤汁吸收能力。

油渣焖豆腐

金黄油亮·味鲜气香

原料：油豆腐200克，五花肉80克，蒜苗、青椒、红椒各适量

调料：食用油、盐、味精、生抽、辣椒油、香油各适量

做法

1. 五花肉洗净，切片；油豆腐洗净；蒜苗洗净，切段；青、红椒均洗净，切圈。
2. 锅置火上，入少许油烧热，下入五花肉煎成油渣，加入青、红椒炒香。
3. 放入油豆腐翻炒均匀，调入盐、生抽、辣椒油炒匀，注入少许清水焖煮片刻。
4. 放入蒜苗稍炒，以味精调味，淋入香油，起锅盛入盘中即可。

搭配理由

豆腐中含有人体必需的八种氨基酸，而且比例也接近人体需要，营养价值较高；辣椒中含有一种特殊物质，能加速新陈代谢，促进荷尔蒙分泌，保健皮肤。将二者搭配烹调，成菜鲜香，色泽亮丽，吃起来微辣爽口，是绝佳组合。

制作点睛：

购买油豆腐时，要注意挑选：优质油豆腐色泽橙黄鲜亮，而掺了大米等物的油豆腐色泽暗黄；掺杂的油豆腐内囊多而结团，优质的则内囊少而分布均匀；用手轻捏油豆腐，不能复原的多为掺杂货品。

青岩豆腐

绵滑清香·很有特色

原料：青岩豆腐300克，香芹、青椒、红椒、干红椒、大蒜各适量

调料：食用油、盐、生抽、辣椒油各适量

特别解说：

青岩古镇位于贵阳市的南郊，倘若你到青岩小镇旅游，当你慢悠悠地走在青岩古镇的街上，会发现见到最多的是豆腐作坊，青岩的豆腐有十几道工序，要想让豆腐都能做成干货远走四方，自然在烘、烤、炒几方面手艺都必须是一流的。而且青岩的豆腐都是用酸汤点的，不用石膏。所以，一般人很难看到豆腐的整个完全生产流程，据说许多人家都是习惯在晚上开工。

做法

❶ 青岩豆腐洗净，切条；香芹洗净，切段；青、红椒均洗净，切丝；干红椒洗净，切小段，大蒜去皮、洗净，切末。

❷ 锅中入油烧热，入干红椒、蒜末爆香后，加入青岩豆腐翻炒。

❸ 调入盐、生抽、辣椒油炒匀，加入香芹、青椒、红椒同炒片刻，起锅盛入盘中即可。

制作点睛：

青岩豆腐最简单、最流行的吃法是烤和炒。此菜用的烹饪方式为炒。还可将豆腐切成小块放在炭火上烤，在烤的时候刷上食用油，等豆腐烤得“啧啧”响的时候就可以配上辣椒面食用了。当然，也可根据个人口味和喜好进行炸、煎等。

韭香豆干塔

香味浓郁 · 下饭佳品

原料：香干 200 克，韭菜 100 克，红椒少许

调料：食用油、盐、生抽、香油各适量

做法

1. 香干洗净，切小丁；韭菜洗净，切小段；红椒洗净，切碎粒。
2. 油锅烧热，入香干翻炒片刻，调入盐、生抽炒匀。
3. 加入韭菜、红椒快速炒匀，淋入香油，起锅盛入盘中即可。

健康解密

这道菜中含有丰富的蛋白质、维生素A、B族维生素、钙、铁、镁、锌等营养元素，对人体健康非常有益。

制作点睛：

此菜用的是不辣的红甜椒，仅为配色，如果喜欢吃辣，可以用比较辛辣的辣椒代替。

家常味

受大众欢迎度 ★★★★☆

芹菜炒香干

清新爽口 · 绝佳搭配

原料：香干200克，香芹、红椒各适量

调料：食用油、盐、白糖、生抽、香油各适量

做法

1. 香干洗净，切丝；香芹洗净，切段；红椒洗净，切丝。
2. 锅中入油烧热，放入香干煸炒片刻。
3. 加入芹菜、红椒同炒。
4. 调入盐、白糖、生抽炒匀，淋入香油，起锅盛入盘中即可。

咸鲜味

受大众欢迎度 ★★★★☆

红烧腐竹

色泽棕红 · 咸鲜微甜

原料：腐竹、黑木耳各40克，青椒少许

调料：食用油、盐、白糖、料酒、老抽、蚝油各适量

做法

1. 腐竹、黑木耳分别用清水泡发、洗净。
2. 将腐竹切段；黑木耳撕成小朵；青椒洗净，切片。
3. 锅中入油烧热，放入腐竹、黑木耳翻炒。
4. 烹入料酒，调入盐、白糖、老抽炒匀，注入少许清水烧煮片刻。
5. 放入青椒，待汤汁收浓时，调入适量蚝油翻炒均匀，起锅盛入盘中即可。

家常味

受大众欢迎度 ★★★★☆

摄影师简介

郭 刚

职业摄影师
MBA职业策划师
职业营销经理人
食品造型师

从事餐饮管理策划工作近20年
欢迎访问www.0755caipu.com
深圳市幻影艺琢文化传播有限公司

扫一扫
关注无极文化公众微信平台